SAMMLUNG GÖSCHEN BAND 247

Analytische Chemie

Von

Dr. Johannes Hoppe

Leiter des chem. Laboratoriums früher Dr. Bender
und Dr. Hobein, München

I

Reaktionen

Fünfte, verbesserte Auflage

Walter de Gruyter & Co.

vormals G. J. Göschen sche Verlagshandlung · J. Guttentag, Verlagsbuchhandlung
Georg Reimer · Karl J. Trübner · Veit & Comp.

Berlin 1950

Archiv-Nr. 11 02 47
Druck: Schloß-Buchdruckerei, Braunschweig
Printed in Germany

Inhalt

Abkürzungen

∼	=	analog
(! ?)	=	Hinweis auf schwer erklärbare Tatsachen
Klammern wie (I, 16)	=	vgl. Bd. I, Seite 16
aq	=	Wasser (ev. Kristall- od. Konstitutions-W.)
B.	=	Basis
ca.	=	ungefähr (circa)
diff.	=	verschieden von — Unterschied
dil.	=	verdünnt (dilut.)
El.	=	Element
E. S.	=	Essigsäure
ev.	=	gegebenenfalls (eventuell)
except.	=	ausgenommen
F. F.	=	Faltenfilter
gtt	=	Tropfen (gutta)
hyp.	=	hypothetisch
konz.	=	konzentriert
Kpkt.	=	Koch- oder Siedepunkt
Lt.	=	Liter
l.	=	löslich
l. l.	=	leicht löslich
L.	=	Löslichkeit
Me.	=	Metall
M. W.	=	Massenwirkung
N.	=	Niederschlag
$\frac{n}{1}$, $\frac{n}{4}$ oder n-, n/4	=	normal, viertel normal
n. v. B. d. V.	=	nicht veröffentlichte Beobachtung des Verfassers
P. S.	=	Periodisches System
R.	=	Reaktion
S.	=	Säure
sicc.	=	trocken, wasserfrei

Abkürzungen

Sp. R.	=	Spannungs-Reihe
St.	=	Stoff
Sz.	=	Substanz
Thio.	=	Thiosulfat
unl.	=	unlöslich
Vbdg.	=	Verbindung
W.	=	Wertigkeit
Z. T.	=	Zimmertemperatur

Literatur-Hinweise

A.	=	Liebigs Annalen der Chemie
Analyt.	=	Zeitschrift für analytische Chemie
Angew.	=	Zeitschrift für angewandte Chemie
Anorg.	=	Zeitschrift für anorganische Chemie
B.	=	Berliner Berichte d. deutsch. chemischen Gesellschaft
Biltz	=	Wilh. Biltz, Ausführung qualitativer Analysen
Böttg.	=	W. Böttger, Qual. Analyse v. Standpunkt der Ionenlehre 1913
C.	=	Chemisches Centralblatt
Chem.Z.	=	Chemiker-Zeitung
Fres.	=	Fresenius, Anleitung zur qualitativen chemischen Analyse, 17. Auflage, 1919
Gutb.	=	A. Gutbier, Lehrbuch d. qual. Analyse 1921
Hofm.	=	Lehrbuch d. anorganischen Chemie von K. A. und U. R. Hofmann 1941
Kck.	=	Koninck-Meineke, Lehrbuch der qualit. u. quantit. Mineral-Analyse 1899
Ph. Z.	=	Pharmazeutische Zeitung
Rose	=	Handbuch der analytischen Chemie, Leipzig 1867
Werner	=	Neuere Anschauungen auf d. Gebiet d. anorg. Chemie 1913

Alkalien und alkalische Erden; K, Na (1 wertig) —Ba, Sr, Ca, Mg (2 wertig). Die Metalle zersetzen alle Wasser, vom K zum Mg abnehmend leicht. Die entstehenden Hydroxyde sind starke, mit Ausnahme von $Mg(OH)_2$ lösliche, ätzende Basen [1]). Alle bilden nur einfache farblose Kationen [2]). Die normalen Salze reagieren neutral auf Indikatoren, wenn die Säure stark; alkalisch, wenn sie schwach ist (Hydrolyse); nie sauer [3]). Auch von den „sauren" Salzen reagieren solche, deren Säure schwach genug ist, alkalisch (z. B. $NaHCO_3$, Na_2HPO_4) [4]). Auch bei hoher Temeratur bleiben Alkali-Chloride, -Sulfate, -Carbonate, -Hydroxyde chemisch unverändert, schmelzen und gehen schließlich flüchtig; Salze sauerstoffhaltiger flüchtiger Säuren dissoziieren bei trockenem Erhitzen um so schwerer, je stärker Basis und Säure sind. Bei Ba wird sogar Carbonat und Hydroxyd kaum, $CaSO_4$ wird schwer, $MgSO_4$ schon etwas leichter, $MgCO_3$ leicht bei Rotglut zersetzt. Wirkt bei hoher Temperatur gleichzeitig H_2O ein (d. h. stark überhitzter Dampf), so werden Alk.- und Erdalk.-Salze selbst stärkster Säuren je nach deren Flüchtigkeit merklich zersetzt: $BaCl_2 + 2\,HOH \rightarrow Ba(OH)_2 + 2\,HCl$. (Hydrolyse = Umkehrung der Salzbildung.)

Alkalien. Von allen anderen Kationen werden die Alkalien so getrennt, daß jene ausgefällt werden und Alkalien allein in Lösung bleiben (II, 64, 116). Die meisten Alkalisalze sind leicht löslich. Für Na sind nur sehr wenig anorganische Fällungsmittel bekannt, für K etwas mehr. Für Na: 1) Mg- oder Zn-Uranyl-Acetat, 2) $K_2H_2Sb_2O_7$ (S. 72); — 1 in E. S.-; 2 in KOH-haltiger oder neutraler [5]) Lösung. Chlorplatinsäure H_2PtCl_6 gibt mit nicht zu verdünnten K-salzlösungen (das Jodid muß vorher in Chlorid verwandelt werden) einen hellgelben N. kleiner Oktaeder (K_2PtCl_6), löslich in heißem Wasser, ganz

[1]) In zahlreichen Gleichungen dieses Buches tritt K_2O auf, dafür ist praktisch immer einzusetzen 2 KOH.

[2]) Farbig sind die Salze nur, soweit das Anion dies bedingt (Chromat).

[3]) Ausnahmen wie die saure Reaktion von $K_2Cr_2O_7$, Na_2SiF_6 u. a. sind zu erklären durch Umsetzungen des Anions mit H_2O, bei denen H-Ion entsteht, vgl. S. 90, A. 1 u. S. 37 oben.

[4]) Vgl. S. 112 u. 119.

[5]) Ein in saurer Lösung entstehender N. könnte aus Antimonsäure bestehen (vgl. S. 72).

unl. in Alkohol. Das analoge Na-Salz, Alkohol-löslich, bleibt erst beim Eindunsten in langen goldgelben Prismen zurück. Beim Glühen geben beide Chlor, Alkalichlorid und Platin. — Überchlorsäure $HClO_4$ fällt nur in kochendem H_2O lösliches $KClO_4$. Die Löslichkeit steigt zwischen 0 und 100° von ca. 0.7 bis 19 % [1]). Bei Alkoholzusatz ist die Fällung quantitativ. — Weinsäure gibt in nicht zu dil. K-salzlösungen eine Fällung von primärem K-tartrat, $KH(C_4H_4O_6)$, Weinstein, in kaltem Wasser nur ca. ½ %, in Alkohol gar nicht l. Leicht dagegen in kochendem Wasser, starken Säuren [2]) (nicht E. S.), und alkalischen Flüssigkeiten z. B. Soda unter CO_2-Entwicklung zu K-Na-tartrat (Seignette-Salz). Die zu fällende Lösung darf daher nicht alkalisch reagieren. — Na-Kobalti-nitrit fällt das in E. S. nicht l'e gelbe entspr. K-Salz (vgl. S. 44). — Bi-Salz und Na-thiosulfat gibt einen, in Alkohol unlöslichen gelben N. von $K_3[Bi(S_2O_3)_3]$ (Carnots R.) [3]). Wenig lösliches $KHMg(CO_3)_2$ betr. vgl. S. 21. Als schwer löslich sind noch K_2SiF_6 (S. 90) und manche K-Salze organischer Säuren (Pikrat z. B.) zu nennen. Flammenfärbung reinster K-Salze blau (nach Stas). Man erkennt sie am gewöhnlich recht reinen $KClO_3$. Schon durch sehr geringe Na-Mengen wird sie violett, wie gewöhnlich angegeben. Flamme der Na-Vbdgg. intensiv gelb. Übergroße Empfindlichkeit und überall im Staub anwesende Na-Spuren stellen die analytische Verwertbarkeit der R. in Frage. Die K-Flamme ist in Gemischen erst bei Zwischenschalten blauen Glases sichtbar. — Die in H_2O und Säuren „unlöslichen" Alkalidoppelsilikate (Feldspate, Gläser) kommen für die Analyse nur als deren Objekt in Betracht. Ebenso Na_3AlF_6 (Kryolith), KBF_4 u. a. — Alkalisalze neigen zur Bildung von Doppel-Vbdgg. mit gleichionigen Salzen anderer Metalle. Je verschiedener beide Addenden, um so „komplexer" wird die Vbdg., je ähnlicher, um so mehr überwiegt „Doppelsalz"-Charakter (S. 78) z. B. Carnallit, Alaun, Seignette-Salz.

---

[1]) Vgl. hierzu unlösliches Cd-NH_3-perchlorat (Salvadori-R.), S. 97.

[2]) $H_2C_4H_4O_6 + KCl \leftrightarrows KHC_4H_4O_6 + HCl$. Die Fällung wird daher vollständiger bei Abstumpfung der Säure durch Na-acetat, oder beim Fällen mit $NaHC_4H_4O_6$ statt mit der freien Säure.

[3]) B. 9, 1434.

Ammonium $NH_4^{\cdot}$ oder $[H(NH_3)]^{\cdot}$. Die H_2O-Lösung des NH_3-Gases, „Salmiakgeist", reagiert kräftig alkalisch auf Indikatoren [1]) und fällt aus vielen Metallsalzlösungen die betr. Hydroxyde. Es muß in ihr also eine Basis oder OH-Vbdg. angenommen werden: $NH_3 + HOH \rightleftarrows NH_4OH$. Der nur unverändertem NH_3 eigene starke Geruch zeigt, daß nur ein Teil umgewandelt ist. Durch Kochen ist alles NH_3 aus der Lösung entfernbar. Das in reiner Form nicht erhältliche Ammoniumhydroxyd mit komplexem Kation NH_4 ist „fixen" Alkalien, insbesondere dem Kali, in vielem ähnlich („flüchtiges Alkali"), aber erheblich schwächer als Alkalien und alkalische Erden [2]); $n/_{2000}$ Lösungen in H_2O röten Phenolphthalein nicht mehr; in Alkohol ist die Basizität noch viel geringer. Durch gleichionige Zusätze (NH_4-Salze oder Alkalilauge) wird sie noch weiter vermindert. Aus der Luft nimmt NH_3, wie die starken Basen, allmählich CO_2 auf. — Als schwächere Base bildet sich NH_4OH aus den stark dissoziierten Hydroxyden der Alkalien oder alk. Erden und NH_4-Salzen; infolge sekundären Zerfalls in H_2O und flüchtiges NH_3 wird die R. in der Hitze vollständig. NH_3 oder NH_4-Salz bildet sich außerdem aus Nitriten und Nitraten durch Reduktion (vgl. S. 98), aus organischen stickstoffhaltigen Substanzen (insbesondere aus der CN-Gruppe) durch Erhitzen mit konzentrierter H_2SO_4 (Kjeldahl-R.). NH_4-Salze starker S'en, in kalt bereiteter Lösg. neutral reagierend, röten beim Eintrocknen Lackmus. Ältere oder länger erhitzte Lösgg. reagieren sauer. Durch Verflüchtigung des durch NH_4OH-Zerfall entstehenden NH_3 kann die Hydrolyse merkliche Beträge erreichen. (Störung bei Fällung von Metallhydroxyden vgl. S. 26, A. 4).) NH_4-Salze schwacher Säuren werden natürlich am leichtesten hydrolysiert: Ammonacetat zeigt amphotere Reaktion; Lösungen von NH_4-carbonat [3]) riechen stark nach NH_3, solche von $(NH_4)_2S$ nach NH_3

[1]) Rotes Lackmuspapier wird gebläut, beim Trocknen aber wieder rot (!?).

[2]) Betr. Stärke von NH_3 und CO_2 vgl. S. 117, Akg. 4.

[3]) Das gewöhnliche Laboratoriumsreagens enthält neben dem normalen Salz und Bicarbonat, carbaminsaures Salz $CONH_2(ONH_4)$ (rein aus $CO_2 + NH_3$ bei Abwesenheit von H_2O. Analog reagiert $SO_2 + NH_3$). Beide werden durch Erwärmen mit NH_4OH in normales Carbonat verwandelt. Reines trockenes Ammonhydrocarbonat ist geruchlos.

und H_2S gleichzeitig. Beide können aus ihren Lösungen durch anhaltendes Kochen ganz verflüchtigt werden, wobei sich nur aus dem polysulfidhaltigen Schwefelammon (vgl. S. 105 unten) zugleich Schwefel abscheidet. Mit sehr schwachen Säuren bilden sich keine NH_4-Salze mehr. Trifft NH_4Cl daher mit Alkalisalz einer solchen Säure zusammen, wie Aluminat, Plumbit, Chromit, Silikat, so entstehen als Hydrolysen-Produkte NH_4OH und die unlöslichen Hydroxyde von Al, Pb, Cr, Si. – NH_4Cl wirkt dabei nicht anders als schwache HCl. Wie solche löst es sogar unedle Metalle wie Zn und Mg merklich auf. H- und NH_4-Ion zeigen darin Ähnlichkeit, daß, infolge von Umkehrbarkeit der R., Fällungen häufig unvollständig sind oder ausbleiben, wenn man statt Alkalisalz das NH_4-Salz oder die freie Säure als Reagens anwendet [1]). (Vgl. S. 16 A. 3.)

$$CaCl_2 + H_2CO_3 \leftarrow CaCO_3 + 2\,HCl$$
$$MgCl_2 + (NH_4)_2CO_3 \rightleftarrows MgCO_3 + 2\,NH_4Cl.$$

NH_4 bildet dieselben unlöslichen Salze wie K [2]); bei höherer Temperatur sind sie von jenen leicht zu unterscheiden: $(NH_4)_2PtCl_6$ hinterläßt beim Glühen fein verteiltes Pt (Pt-Schwamm), NH_4-bitartrat-Kohle [3]). Zum analytischen Nachweis finden sie kaum Verwendung. Dem Nachweis dient vielmehr das beim Erwärmen mit starken Basen entstehende, an Geruch, Nebelbildung mit HCl, Bläuung von Lakmus- und Schwärzung von $HgNO_3$-Papier (S. 55 unten) kenntliche NH_3. – Neßler-Reagens, eine KOH-haltige Lösung von HgJ_2 in KJ (S. 54) gibt schon mit winzigsten Spuren NH_4 Gelbfärbung, mit geringen Mengen einen braunen N., löslich im Überschuß von NH_4-Salz, von KJ und in Säuren (II, 56). In alkalischer Lösung stark oxydierende Stoffe, wie Hypochlorit [4]) und -bromit, Wasserstoffsuperoxyd u. ä. oxydieren NH_3 zu freiem Stickstoff (vgl. unten). – Die gewöhnlichen NH_4-Salze des Handels sind entsprechend ihrer Herkunft

[1]) Vgl. S. 12 unten. Verhalten von Mg, Mn u. $Fe^{\cdot\cdot}$-Salz gegen NH_4OH.

[2]) NH_4-perchlorat ist indes reichlich schon in kaltem Wasser löslich. Vgl. hierzu R. v. Salvadori S. 97, A. 4.

[3]) Über NH_4MgPO_4 vgl. S. 22, oben, Ammonphosphormolybdat. S. 121.

[4]) Intermediär entsteht Chloramin (NH_2Cl), und aus diesem in leimhaltiger Lösung mit NH_3-Überschuß Hydrazin NH_2NH_2 (∼ HO-OH; S. 81, A. 3). Betr. Hydrazin und Hydroxylamin vgl. II, 57.

(Gaswasser) durch geringe Mengen organischer Substanz verunreinigt, hinterlassen daher beim Eindampfen und Glühen (z. B. bei Trennung von Mg und Alkalien, vgl. II, 113) etwas Kohle.

Die Salze flüchtigerer Säuren sublimieren beim Erhitzen ohne zu schmelzen und dissoziieren dabei teilweise in NH_3 und Säure. Je nach Temperatur, Druck und Flüchtigkeit der entstehenden Produkte, und je nachdem diese entweichen können oder nicht [1]), schreitet diese R. mehr und mehr vor, oder kann ganz oder zum Teil wieder rückgängig gemacht werden. NH_4Cl verflüchtigt bei hoher Temperatur Metalloxyde als Chloride (Löten) und greift auch Metalle an. – NH_4-Salze schwer- oder nicht-flüchtiger Säuren (z. B. Phosphat) erhitzt, schmelzen und es bleiben die Säuren oder ihre Umwandlungsprodukte zurück. — Nach vorangegangener Dissoziation kann eine nicht umkehrbare Oxydation eintreten bei NH_4-Salzen oxydierender Säuren.

Beispiele: $NH_4Cl \rightleftarrows NH_3 + HCl$; || $(NH_4)_2CO_3 \rightleftarrows 2\,NH_3 + CO_2 + H_2O$; || $(NH_4)_3PO_4 \rightleftarrows 3\,NH_3 + H_2O + HPO_3$; || $NH_4NO_2 \rightarrow N_2 + 2\,H_2O$; || $NH_4NO_3 \rightarrow N_2O + 2\,H_2O$; || $(NH_4)_2Cr_2O_7 \rightarrow N_2 + Cr_2O_3 + 4\,H_2O$ [2]); || NH_4-oxalat $\leftrightarrows (CN)_2 + 4\,H_2O$; || 2 NH_4-formiat $\rightarrow 2\,HCN + 4\,H_2O$; || NH_4OCN (Zyanat) $\rightarrow CO(NH_2)_2$ (Harnstoff); || Ammoniumborat $\rightarrow$ Borstickstoff, vgl. S. 124.

Verhalten von NH_3-Lösg. gegenüber verschiedenen Metallsalzlösungen: Nicht verändert werden Alkalien und alkalische Erden (über Mg vgl. S. 21). — Als Hydroxyd quantitativ gefällt $Fe^{\cdots}$, Al, Cr [3]), Bi, Sb, Sn, Pb. — Infolge von Umkehrbarkeit der R. (Löslichkeit des Hydroxydes in NH_4-Salz) nur teilweise gefällt: Mg, $Mn^{\cdot\cdot}$, $Fe^{\cdot\cdot}$. — Gefällt und im Überschuß gelöst: Cu, Ag; Zn, Cd; Co, Ni [3]). Hierbei entstehen als komplexe Kationen:

---

[1]) Erhitzen in einem allseits geschlossenen Apparat. — Bei Erhitzen von NH_4Cl im Reagierglas mit Glaswollepfropf in der Mitte ist unterhalb saure, oberhalb alkalische R. nachweisbar.

[2]) Vgl. S. 35.

[3]) Auch $Cr(OH)_3$ löst sich unter bestimmten Bedingungen in NH_4-Salz haltigem NH_3-Überschuß etwas mit Permanganatfarbe (II, 106). Unbeständige, nur bei Abwesenheit dissoziierender Mittel (H_2O) entstehende Vbdgg. mit NH_3 bildet z. B. $CaCl_2$ (Trocknen von NH_3-Gas mit CaO, nicht mit $CaCl_2$).

Metall-NH_3-Kationen [1]). Ni und Cu geben dabei blaue Lösungen (Cu tief dunkelblau), Co schmutzig gelbrote. Ebenso lösen sich in NH_3 die meisten anderen Vbdgg. dieser Metalle, wenn sie nicht allzu unlöslich sind in Wasser [2]). AgJ (und CuJ) z. B. addiert NH_3 ohne sich darin zu lösen, das 40 × mehr in H_2O lösliche AgBr (und ungefähr ebenso AgCNS) löst sich wenigstens bei höherer Temperatur und NH_3-Konzentration, das 750 × mehr lösliche AgCl (ebenso AgCN, CuCl u. a.) auch in dil. NH_3 kalt sehr leicht. — In

---

[1]) Sie sind hier zusammenfassend behandelt aus Gründen der Raumersparnis und der formalen Systematik (Analogie der Kationen NH_3-H und NH_3-Metall). Vom Standpunkt praktischer Pädagogik wären sie zu behandeln nach allen einfachen Metall-Kationen vor dem Kapitel „Komplexe Anionen" S. 76) oder einzeln bei jedem Metall oder beide Kapitel am Schluß des Buches. Andere komplexe Kationen S. 80.

[2]) Zusammensetzung und Verhalten aus solchen Lösungen isolierter „Einlagerungs-Verbindungen" z. B. $[Cu(4\,NH_3)]SO_4\;H_2O$, Tetrammincuprisulfat — in $CuSO_4$. 5 H_2O kann H_2O Mol für Mol durch NH_3 ersetzt werden — zeigt, daß es sich um Salze handelt, die sich von dem Ammonhydroxyd [H NH_3]OH vergleichbaren Metall-ammoniakbasen ableiten. Dem NH_4-Ion entspricht das Tetrammin-cupri-Ion (vgl. S. 49, Akg. 3). (Über Koordinationszahl, Bindung in erster und zweiter Sphäre an 1 Zentralatom, Haupt- und Nebenvalenzen vgl. „Werner, Neuere Anschauungen a. d. Gebiet d. anorg. Chemie" oder „Weinland, Einführung in die Chemie der Komplex-Vbdgg." oder Göschen, Bd. 981.) Auf der Bildung solcher Ionen beruht es, daß Metalle wie Zn, Cu, Ag durch NH_3 und Luft angegriffen werden. — Die am längsten und in großer Zahl bekannten komplexen Hg-NH_3-Vbdgg. haben oft etwas abweichende Zusammensetzung, erklärbar durch Abspaltungen (von H_2O oder Säuren) (vgl. Tabelle S. 14), derentwegen sie in der Regel als Hg-substituierte $NH_4^{\cdot}$-Salze formuliert werden; sie können aber auch als „aminobasische Salze" aufgefaßt werden:

$$Hg(NH_3)Cl_2-HCl = \underset{a}{Hg\langle{}^{Cl}_{NH_2}} \quad \text{oder} \quad \underset{b}{N\begin{matrix}=Hg\\=H_2\\-Cl\end{matrix}}$$

b mit der Kette Hg—N—Cl, a mit Cl—Hg—N.

Vgl. etwa Bildg. v. basischem Mg-Salz; $Mg(H_2O)Cl_2-HCl = MgCl-OH$.

Wohl auseinanderzuhalten sind die Doppelsalze der Metalle mit NH_4-Ion und die mit NH_3 komplexen Salze derselben:

1. $(NH_4)_2ZnCl_4 = ZnCl_2 \cdot 2\,NH_3 \cdot 2\,HCl$ (Doppel-Salz),
2. $Zn(4\,NH_3)Cl_2 = ZnCl_2 \cdot 2\,NH_3 \cdot 2\,NH_3$ (Komplex-Vbdg.).

Bei den „Anlagerungs-Vbdgg." (1) können sich dann je nach Art der Bestandteile mehr oder weniger komplexe Anionen (z. B. $ZnCl_4''$) bilden. Diesen NH_4-Salzen entsprechen völlig analoge K- oder Na-Salze. NH_3 beteiligt sich hier an Komplexbildung nur mit H, nicht mit den Metallen. Relativ wenig Komplex-Ionen sind aber so fest, daß die Analyse solche enthaltender Stoffe gestört wird. Die üblichen Solventien spalten sie vielmehr meist in einfache Ionen. Absichtlich erzeugt der Analytiker oft Komplex-Ionen zum Einzel-Nachweis oder -Trennungen, beruhend auf Unterschieden der Löslichkeit oder Farbe (z. B. Bi von Cu u. Cd mit NH_3; Cu von Cd mit KCN, vgl. S. 79 u. II, 80, 81).

Typus	$HgO \cdot Hg(NH_3)O$	$HgO \cdot 2\,Hg(NH_3)O$	$Hg(NH_3)O$	$Hg(2\,NH_3)O$
d. h. auf 2 NH_3 treffen	4 HgO	3 HgO	2 HgO	HgO
Beispiele	$HgO \cdot HgNH_3 \cdot NO_3$ Mercurius solubilis Hahnemanni	$Hg_3(NH)_2(NO_3)_2$	$HgCl \cdot NH_2$ unschmelzbarer[3] Präzipitat	$HgCl_2 \cdot 2\,NH_3$ schmelzbarer Präzipitat
entstehend aus	NH_3 + Merkurinitrat		$NH_3 + HgCl_2$	$NH_4Cl + HgClNH_2$
Ableitbar aus	$HgO \cdot Hg(NH_3)\,(NO_3)_2$	$Hg(NO_3)_2 2Hg(NH_3)(NO_3)_2$	$Hg(NH_3)Cl_2$	
durch Abspaltung von	HNO_3	4 HNO_3	HCl	

Gegensatz zu frisch gefällten, lösen sich „gealterte" Vbdgg. (z. B. ZnO) wenig und langsam; (leichter in $NH_3 + NH_4Cl$, vgl. S. 46, 84). In Wasser sehr unlösliche Salze Sulfide und einige Ferrocyanide) können aus Me-NH_3-Lösg. gefällt werden. Komplexbildung läßt sich bei der Analyse erkennen: bei ungefähr gleicher Löslichkeit der NH_3-haltigen und -freien Vbdg. z. B. am Farbwechsel [AgJ gelb, Ag $(2\,NH_3)$J weiß[1]), beide unlöslich; $CuSO_4\,5H_2O$ blau. Cu $(4NH_3)$ SO_4 H_2O tief dunkelblau, beide löslich; oft noch auffälliger an Unterschieden der Löslichkeit, wobei Bildung der Komplexe wie bei obigen Beispielen mit stark erhöhter, oder wie bei den S. 97, A. 4 erwähnten Perchloraten mit verminderter Löslichkeit verbunden sein kann. Unlöslich sind auch NH_3-Vbdgg. von $Hg^{\cdot\cdot}$ ($Hg^{\cdot}$-Salze reagieren mit NH_3 wie die $Hg^{\cdot\cdot}$-Salze, nur unter gleichzeitiger Bildung von schwarzem Hg-Metall). (Vgl. S. 55.) Aus $NH_3 + HgO$ z. B. entsteht, an der Aufhellung der gelben Farbe kenntlich, die unlösliche, starke, sog. Millonsche Base, $NH_3 \cdot H_2O \cdot 2\,HgO$[2]).

[1]) Geht beim Waschen mit heißem H_2O oder schneller mit Säure wieder in gelbes AgJ über.

[2]) Diese und die folgenden Formeln der Hg-Verbindgg. sollen nur die Zusammensetzung ohne Rücksicht auf „Konstitution" wiedergeben. — Infolge der Schwerlöslichkeit ihrer Salze fällt die Millon-Base Hydroxyde der schweren Metalle, so daß die betr. Lösung von allen gelösten Salzen derselben befreit wird.

[3]) Unschmelzbar, weil beim Erhitzen ohne vorheriges Schmelzen sublimierend.

(S. 53, A. 1.) Ihr Jodid $NH_3 \cdot HJ \cdot 2\,HgO$ ist der Neßler-N (S. 11). Eine Übersicht solcher Vbdgg. gibt vorstehende Tabelle.

Es kommt weniger darauf an, die einzelne Formel dem Gedächtnis einzuprägen (ausg. die des wichtigen $HgClNH_2$), als die Art der Zusammensetzung. Alle diese Vbdgg. geben NH_3 weniger leicht, ev. erst beim Kochen mit KOH ab, oder nach Zersetzung zu HgS. — Die Komplexität der andern Me-NH_3-Lösungen ist verschieden. Sie wächst natürlich mit dem Überschuß an NH_3. Sie werden zersetzt schon durch viel H_2O (Cr, Cd), beim Kochen (Zn), durch Laugen (Ni), ev. erst beim Kochen mit starkem KOH-Überschuß (Cu). Durch Sulfide werden alle zersetzt. Auch Ammoncarbonat löst oft, wie verdünntes NH_3 wirkend, Salze der oben genannten Metalle, natürlich schwerer als NH_3 (z. B. AgCl, viel weniger AgBr, S. 85). Im Gegensatz zu den Carbonaten der übrigen ist das von Cd in Ammoncarbonat unlöslich (vgl. S. 48).

Lithium, das leichteste Alkalimetall zeigt, neben R'en der Alkalien, solche der alk. Erden (unlösliches Carbonat, Phosphat, Borat, Fluorid; in der Hitze zersetzliches Hydroxyd, Carbonat, Nitrat; zerfließliches alkohol-lösliches Chlorid und Nitrit u. ä.). Vgl. damit Be u. Al (S. 22), B u. Si (S. 124).

Alkalische Erden: Ba, Sr, Ca, Mg (zweiwertig). Ba, Sr, Ca werden im Analysengang (nach Ausfällung aller schwereren Metalle in Form von Sulfiden) zusammen als Carbonate mit Ammoncarbonat ($+ NH_3 + NH_4Cl$) gefällt. Das dabei mit den Alkalien in Lösung bleibende Mg wird als NH_4MgPO_4 (vgl. S. 22) diagnostiziert und als unlösliches Hydroxyd von Alkalien geschieden (II, 112). — Die Hydroxyde sind zwar sämtlich starke Basen, aber entsprechend ihrer geringeren Löslichkeit [1]) durch Alkalilauge (bei Mg unvollständig auch durch NH_4OH) fällbar. In Gegensatz zu den Alkalien findet man bei den alkalischen Erden, unlösliche 1) Carbonate,

---

[1]) Löslichkeit der Hydroxyde mit steigender Temp.: bei Ca abnehmend, bei Sr steigend, bei Ba stark steigend. Barytwasser ist rund $\frac{n}{4}$ (= rd. 4% $Ba(OH)_2\ 8\,H_2O$); Kalkwasser rund $\frac{n}{30}$ [= rd. 1‰ $Ca(OH)_2$]. Durch Einwirkung der Luft werden sie bald schwächer und scheiden Carbonate aus. Die übliche 10%ige NaOH ist $\frac{2{,}5\,n}{1}$, 10%iges Ammoniak (0,96 sp. G.) rund $\frac{6\,n}{1}$ — Natronkalk heißt das durch Löschen von CaO mit NaOH erhältliche Hydroxydgemisch von Na u. Ca.

Oxalate, Phosphate, Arsenate, Borate, Silikate, 2) Sulfate, Sulfite, Fluoride, 3) Chromate, Ferrocyanide, Arsenite, Jodate, Thiosulfate, Tartrate und Fluorsilikate. Gruppe 1 ist bei allen, Gruppe 2 nur bei Ba, Sr, Ca; Gruppe 3 nur bei einzelnen unlöslich, wobei namentlich das Mg eine größere Löslichkeit der Salze zeigt und aus der sonst zu beobachtenden Periodizität herausfällt. Es steht dem Na, wie Ba dem K nahe. In der Reihenfolge Mg, Ca, Sr, Ba steigt Atomgewicht, Schwere der Vbdgg., Basenstärke, Glühbeständigkeit und Löslichkeit der Hydroxyde, Carbonate und Oxalate. Umgekehrt ist die Reihenfolge der Löslichkeit bei Sulfaten, Sulfiten, Thiosulfaten und Chromaten (BaS_2O_3 u. $SrCrO_4$ bilden gern übersättigte Lösgg.). Bei den Alkalien sind die sauren Carbonate, Oxalate und Tartrate weniger l. als die neutralen, bei den alkalischen Erden umgekehrt. Die Sulfide zerfallen mit H_2O hydrolytisch in Hydroxyde und Hydrosulfide [$M(SH)_2$] [1]. — Entsprechend fällen: $MgSO_4$ aus den Salzen aller übrigen deren Sulfate; $CaSO_4$ (Gipswasser) fällt Ba- und Sr-sulfat; $SrSO_4$ fällt nur $BaSO_4$ [der geringen Konzentration auch gesättigter $SrSO_4$-Lösung (vgl. unten) entsprechend natürlich nur geringe Mengen]. Umgekehrt vermag $Ca(OH)_2$ nur Mg zu fällen, $Ba(OH)_2$ alle übrigen u. s. f. Vollständig ist die Fällung nur bei $BaSO_4$ und $Mg(OH)_2$. — Alk. Erdsulfite betr. vgl. S. 112. —

A l k a l i s c h e E r d e n i m e n g e r e n S i n n e : Ba, Sr, Ca. Lösliche Sulfate fällen als N'e $BaSO_4$ als feinkörnigen [2]), selbst in heißen starken Säuren praktisch unlöslichen, $SrSO_4$ als voluminöseren, in Wasser eben noch merklich (rund 1 : 10 000), in Säuren schon etwas mehr löslichen [3]), $CaSO_4$ als sehr voluminösen, H_2O-haltigen, in Wasser langsam, zirka 1 : 500, im Überschuß 20 %iger HCl, auch in NH_4-Salzen (sogar Sulfat, vgl. II, S. 109 c) ganz löslichen N. Man fällt kochend heiß, weil die N'e (bei geringen Mengen) schneller entstehen,

---

[1]) MgS vollständig in H_2S und $Mg(OH)_2$.

[2]) Bei kalter Fällung ist der N. so fein, daß er selbst von gutem Filterpapier nicht zurückgehalten wird.

[3]) Die bisweilen betonte größere Löslichkeit von $SrSO_4$ in konz. NaCl-Lösg. ist nur ein Beispiel der allgemein lösenden Wirkung nicht gleichioniger Zusätze (also nicht spezifisch). Wichtigstes, allgemeinstes Beispiel: Wirkg. von Säuren u. NH_4-Salzen auf N'e. (Vgl. S. 11.)

schneller grobkörnig werden („altern") [1]) und ihre Löslichkeit mit steigender Temperatur abnimmt. Infolge der Unlöslichkeit der meisten Sulfate in Alkohol kann auch $CaSO_4$ bei Alk.-Zusatz quantitativ gefällt werden. Wenn ganz trocken, lösen sich die Sulfate in konz. H_2SO_4 zu Bisulfat. H_2O-Zusatz fällt sie wieder aus. — Stoffe, die sich in H_2O und S. nicht lösen, werden für die Untersuchung „aufgeschlossen", d. h. zunächst in säurelösliche Form übergeführt; alkalische Erdsulfate z. B. in Carbonate oder Sulfide. Wie alle Ba-Salze, so wird zwar auch $BaCO_3$ durch äquivalente Mengen Alkalisulfat in das viel unlöslichere $BaSO_4$ verwandelt, aber nicht schnell und nur zum Teil. Das entstehende „Gleichgewicht" von $BaCO_3$, $BaSO_4$, Na_2CO_3 und Na_2SO_4 ist „auch von der anderen Seite erreichbar", d. h. ein gleich zusammengesetztes Gemisch entsteht aus äquivalenten Mengen $BaSO_4$ und Na_2CO_3 unter sonst gleichen Bedingungen. Gießt man nach längerem Kochen die Na_2CO_3 und Na_2SO_4 enthaltende Lösung ab vom $BaCO_3$ und $BaSO_4$ enthaltenden Niederschlage, und wiederholt mit diesem die Behandlung, so geht weiteres $BaSO_4$ über in $BaCO_3$. Nach mehrfacher Wiederholung (M. W.) nimmt die Sodalösung kein SO_4 mehr auf; ein Zeichen, daß der N. ganz in $BaCO_3$ verwandelt ist und sich jetzt ganz in S. lösen muß. Der Löslichkeit der 6 Salze entsprechend ($BaSO_4$ viel weniger l. als $BaCO_3$; $CaCO_3$ viel weniger als $CaSO_4$, bei Sr ist der Unterschied viel geringer) wird $CaSO_4$ am leichtesten. $BaSO_4$ am schwersten in Carbonat verwandelt. (Durch Kochen mit Alkalicarbonat-sulfat-Gemisch läßt sich Sr- und Ca-sulfat in Carbonat umwandeln, während $BaSO_4$ unverändert bleibt. Doch hängt der Erfolg vom Verhältnis der Mengen ab.) Zu demselben Ziel gelangt man schneller, wenn man die Sulfate mit viel überschüssigem Alkalicarbonat schmilzt. (M. W.) Aus der Schmelze muß entstandenes Alkalisulfat völlig herausgewaschen werden (am besten, um jede Rückbildung von $BaSO_4$ zu hindern, mit Soda). Sonst fallen bei Säurezusatz unter Umkehrung der Aufschlußreaktion die Sulfate wieder aus. Man kann die Sulfate auch durch Erhitzen mit Kohle zu den leicht in Säure löslichen Sulfiden reduzierend aufschließen.

[1]) In gleichem Sinne wirkt Zusatz von ganz wenig HCl (?!).

Lösliche Carbonate fällen Ba, Sr, Ca-carbonat, löslich selbst in schwachen Säuren [1]), auch langsam in H_2CO_3 zu Bicarbonat [2]), welche Lösung beim Kochen die Carbonate unter CO_2-Verlust wieder fallen läßt. Dem Carbaminat- und Bicarbonat-haltigen Ammoncarbonat des Handels setzt man dabei NH_3 zu (vgl. S. 10, A. 3). Man fällt heiß, weil auch die Carbonate „altern". Freies CO_2 fällt nicht (vgl. S. 11), außer die Lösungen der Hydroxyde [3]). $CaCO_3$ ähnelt dem Mg-Carbonat (vgl. S. 21) insofern, als es ganz frisch gefällt in NH_4-Salz merklich löslich ist. (Umkehrung der Fällungs-R.) Beim Glühen dissoziieren die Carbonate in Oxyd und CO_2 mit vom Mg zum Ba abnehmender Leichtigkeit (vgl. S. 8). Feuchtigkeit fördert die rein thermische Dissoziation wesentlich. Die Carbonatbildung aus CaO und CO_2 wird umgekehrt durch jegliches Fehlen von H_2O verzögert [4]). In der Reihe der Oxalate nimmt die Löslichkeit vom Ba zum Ca ab. Ba-oxalat löst sich schwer in viel heißer Essigsäure, Ca-oxalat fällt auch aus stark essigsaurer Lösung praktisch vollständig aus (typische Abscheidungsform für Ca in der Analyse). Beim Glühen gehen die Oxalate erst in Carbonate, dann in Oxyde über. — Die Löslichkeit der Chromate ist viel größer als die der Sulfate, entspricht ihr aber etwa in den Gradunterschieden.

---

[1]) Selbstverständlich sind in solchen Fällen nur Säuren gemeint, deren alk. Erdsalze löslich sind, und nicht z. B. Oxalsäure. Manchmal genügt zur Lösung die H-Konzentration stärker hydrolysierter Salzlösungen [nicht dagegen die ganz schwacher Säuren wie $B(OH)_3$, HCN, HOCl]. Darauf beruht es, daß durch $BaCO_3$ auch aus SO_4-freien Lösungen gefällt werden als Carbonate oder Hydroxyde (+ CO_2) schon in der Kälte $Fe^{\cdots}$, Al, Cr, Bi, Sb, Cd; andere wie Mn, $Fe^{\cdot\cdot}$, Co, Ni, Zn, Cu wenigstens in der Hitze. (Vgl. S. 27.)

[2]) Gießt man $CaCl_2$-Lösg. in konz. $NaHCO_3$-Lösung, so entstehen sofort N'e; dabei nimmt die alkalische R. allmählich ab, schließlich wird sie sauer, und gleichzeitig entwickeln sich erst dann CO_2-Bläschen (N. v. B. d. V's.).

[3]) Der technisch wichtige Vorgang $Ca(OH)_2 + Na_2CO_3 = CaCO_3 + 2\,NaOH$ verläuft schon in *n*-Konzentration infolge Umkehrbarkeit der R. unvollständig.

[4]) Neben der Beseitigung von CO_2 durch H_2O-Dampf ist daher zu denken an hydrolytische Wirkung $CaCO_3 + 2\,HOH \rightarrow Ca(OH)_2 + H_2CO_3 \rightleftarrows CaO + CO_2 + 2\,H_2O$. Die Hydratisierung von CaO, eine stark exotherme R., („Löschen des Kalkes") verläuft erst bei erhöhter Temp. genügend schnell. Anfänglicher H_2O-Überschuß (wegen dessen hoher spezifischer Wärme) daher schädlich; H_2O vielmehr in kleinen Mengen allmählich zuzugeben.

In E. S. ist $BaCrO_4$ praktisch unlöslich[1]), $SrCrO_4$ l. l.; $CaCrO_4$ ist so leicht löslich, daß es nicht als N. zu erhalten ist (II, 109, A. 1).

Über die Fällung von $BaCrO_4$ durch $K_2Cr_2O_7$ vgl. S. 37. Sr-Salze werden durch Dichromat nicht gefällt. $SrCrO_4$ neigt zur Bildung übersättigter Lösungen. $BaCrO_4$ blaß schwefelgelb, $SrCrO_4$ leuchtend zitronengelb (ähnlich dem Zn-Salz). — Von alkalischen Erdphosphaten sind nur primäre löslich. Tertiäre werden durch $Na_2HPO_4 + NH_3$ gefällt und sind kurz danach auch in heißer Essigsäure noch leicht löslich. Entsäuert man indes eine Lösung der Phosphate in HCl soweit als möglich, so erhält man bei Zusatz von Na-acetat und Aufkochen Niederschläge. Das Ba-Salz kann dabei sogar schon in der Kälte ausfallen. (Wichtig für die Trennung des Phosphats in der Analyse, vgl. II, 89). Tertiäre Phosphate entstehen neben l. primärem bei kalter Fällung mit sekundärem Alkali-Salz (ohne NH_3-Zusatz):

$4\,Na_2HPO_4 + 4\,CaCl_2 \longrightarrow Ca_3(PO_4)_2 + Ca(H_2PO_4)_2 + 8\,NaCl$[2]).

Beim Stehen, schneller Erwärmen, setzen sich beide um zu $4\,CaHPO_4$. Bei heißer Fällung entsteht dies sofort. — Den Phosphaten ähneln stark die Arsenate.

H_2SiF_6 Fluorkieselsäure fällt Ba-, nicht Sr- und Ca-Salze: $BaSiF_6$ ganz unlöslich in Alkohol ($\sim K_2SiF_6$), schwer in Mineralsäuren. Lösliche Thiosulfate fällen ebenfalls nur Ba-Salze; wegen Bildung übersättigter Lösungen langsam vollständig. Lösliche Ferrocyanide fällen aus Ba- und Ca-, nicht aus Sr-Salzen (!) gelbe alkalihaltige Niederschläge. Von den Fluoriden ist das Ca-Salz am wenigsten und auch sehr

[1]) Damit soll implizite immer gemeint sein, daß der in W. unlösliche N. in „Mineralsäure", d. h. deren üblichen Konzentrationen löslich sei. Verdünnt man sie bis sie Fuchsin so wenig entfärbt wie E. S., so löst sich natürlich auch $BaCrO_4$ nicht mehr. — $SrCrO_4$ „l. l. i. E. S." d. h. nur in neutral. Lösg. fällbar. Bemerkungen wie die über $CaCrO_4$ beanspruchen Geltung nur für die üblichen Konzentrationen. Es soll damit nicht ausgeschlossen sein, daß vielleicht beim Vermischen gesättigter Lösungen irgendwelcher sehr stark löslicher Ca-Salze und dito Chromate etwas $CaCrO_4$ ausfallen könnte.

[2]) Die Gleichung ist nicht quantitativ aufzufassen. Die gefällte Menge hängt vielmehr ab von der Konzentration. Man ersieht aber, daß mehr als die Hälfte PO_4 nicht gelöst bleiben kann. (Verhalten der Sulfite vgl. S. 112 unten.)

langsam löslich. Es ist schleimig und schlecht filtrierbar (besser bei NH_4Cl-Zusatz). Als Flußspat-Mineral kann es unlöslich genannt werden. — Arsenite fällen nur Ca-Salze, diese aber auch in sehr dil. Lösung. Neutrale Tartrate ebenfalls nur Ca-Salze. Ca-tartrat löst sich in kalter NaOH, um beim Erhitzen daraus vorübergehend gelatinös ausgeschieden zu werden [1]. — In Alkohol sind Ca-Chlorid u. -Nitrat löslich, bei Ba beide nicht, bei Sr nur das Chlorid. (Genaue, allerdings umständliche Trennung der Erdalkalien.) — Konzentrierte Chlorid- und Nitratlösungen (z. B. von H, Mg, Ca) fällen aus stärkeren Ba-Salzlösungen Niederschläge von $BaCl_2$ bzw. $Ba(NO_3)_2$, die sich in mehr H_2O wieder lösen (gleichioniger Zusatz). Flammenfärbung von Ba grün, von Sr blutrot, von Ca wenig charakteristisches Gelbrot.

Magnesium. Das sehr leichte, an der Luft ziemlich unverändert haltbare Metall verbrennt leicht und mit glänzendem Licht [2]. Es zersetzt kochendes H_2O allmählich, löst sich daher leicht in Säuren; etwas auch in NH_4Cl. Die Basis ist sehr wenig löslich, doch reagiert die wäßrige Aufschlemmung alkalisch [3], ebenso die des Carbonats, während die Salze mit starken Säuren neutral reagieren. $MgCl_2 \cdot 6\,H_2O$ stark zerfließlich, auch in Alkohol löslich. $MgSO_4 \cdot 7\,H_2O$ leicht in H_2O, nicht in Alkohol l., nicht zerfließlich. Lösliche Mg-Salze schmecken bitter, wie die des Ca. Die unlöslichen lösen sich fast alle schon in verdünnten Säuren, das Borat und noch mehr das Silikat [4] schwer, letzteres natürlich unter Abscheidung von Kieselsäure. Neigung zur Hydrolyse: Bei Salzen mit schwachen Säuren kann sie vollständig werden, z. B. entsteht statt MgS in H_2O-Lösung $Mg(OH)_2 + H_2S$. Salze starker flüchtiger Säuren (z. B. $MgCl_2$) gehen beim Eindampfen oder Glühen des feuchten Rückstandes in basisches Salz oder Oxyd über. Trockenes $MgCl_2$ entsteht durch Glühen von $NH_4Cl \cdot MgCl_2 \cdot 6\,H_2O$, vgl. S. 87. Unter geeigneten Be-

[1]) Komplexbildung vgl. S. 77, Akg. 1.

[2]) Neben MgO entsteht dabei etwas Nitrid (Mg_3N_2).

[3]) Aus dem Heißwasser-Extrakt läßt sich NH_4MgPO_4 (als deutliche Trübung) fällen.

[4]) In der Natur als Asbest, Meerschaum, Talk, Speckstein u. a.

dingungen[1]) wirkt $MgCl_2 + H_2O$ wie MgO und HCl (Korrosion von Dampfkesseln). Auch vom Sulfat gehen kleinere Mengen bei starkem Glühen quantitativ in MgO über, auch ohne Mithilfe des Wassers. – Aus allen $Mg^{\cdot\cdot}$-Lösungen fällen lösliche Hydroxyde, aus $MgCl_2$ auch in H_2O aufgeschlemmtes gelbes HgO (vgl. S. 53), schleimiges $Mg(OH)_2$, beim Erhitzen, ja schon beim Trocknen in MgO übergehend (Magnesia). Stark geglüht löst sich dies nicht leicht in Säuren und erwärmt sich nicht mehr, wie das ungeglühte mit H_2O. $Mg(OH)_2$ löst sich unter Freiwerden von NH_3 leicht in NH_4-Salzen auf. Ammoniak fällt andererseits Mg-Salze unvollständig: $MgCl_2 + 2\,NH_4OH \rightleftarrows Mg(OH)_2 + 2\,NH_4Cl$. Das Gleichgewicht liegt so, daß die Reaktion auch bei starkem NH_3-Überschuß nie quantitativ verläuft. Bei Zusatz von genügend NH_4Cl tritt Fällung mit NH_4OH überhaupt nicht, mit Alkali erst beim Kochen ein[2]). – Alkalicarbonate fällen basische Carbonate wechselnder Zusammensetzung[3]). Wenn kalt gefällt, bleibt Bicarbonat gleichzeitig in Lösung. Auch basisches Mg-Carbonat löst sich in NH_4-Salz, so daß die Carbonatfällung mit viel Ammoncarbonat überhaupt, bei NH_4Cl-Zusatz auch in der Hitze ausbleibt. Mit konz., stark NH_3-haltiger Ammoncarbonatlösung (Schaffgottsche Lösung) fällt indes nach längerem Stehen, schneller in der Hitze, fast quantitativ auch in NH_4Cl schwer lösliches $(NH_4)_2Mg(CO_3)_2$. – Aus K-Salz und $Mg(HCO_3)_2$ entsteht wenig lösliches $KHMg(CO_3)_2$ als N., bei 120^0 zerfallend in K_2CO_3, $MgCO_3$, H_2CO_3 (Darstellung von Pottasche). Beim Glühen zersetzt sich $MgCO_3$ viel leichter als $CaCO_3$. In Säuren ist Magnesit und Dolomit schwerer löslich als Kalkspat. – Ammonoxalat fällt Mg-Salze im Gegensatz zu denen des Ca nicht. Mg-oxalat, aus MgO und Oxalsäure herstellbar, ist zwar ($\sim$ Ca) in E. S. schwer löslich, bildet aber hartnäckig übersättigte Lösungen; leicht löst es sich in heißer H- oder NH_4-Oxalatlösung zu komplexem Salz; (diff. Ca-

---

[1]) Hohe Temperatur: Verbrauch der R.-Produkte durch „gekoppelte Reaktionen".

[2]) Früher suchte man den Grund hierfür in der Fähigkeit des Mg nach Art der meisten 2-wertigen Kationen l. lösl'e Doppel-Verbindungen mit NH_4 zu bilden.

[3]) Neutrales $MgCO_3$ in der Natur als Magnesit.

oxalat). — Bei längerem Glühen mit Oxalsäure geht $MgCl_2$ schließlich quantitativ in MgO über; intermediär entsteht $MgCO_3$. Zum Nachweis des Mg dient die Bildung von $NH_4MgPO_4 \cdot 6\,H_2O$, das in flimmernden, zum Teil der Glaswand fest anhaftenden Kristallen entsteht bei Zusatz von löslichen Phosphaten u. Ammonsalz (quantitativ bei NH_3 Zusatz) [1]). Das Salz löst sich in Säure und geht beim Glühen über in $Mg_2P_2O_7$ (Mg-pyrophosphat).

Die gleiche Reaktion wie Phosphate geben Arsenate (vgl. S. 74).

Beryllium [2]), die leichteste alkalische Erde, ähnelt in vielem Al [amphoteres [3]) Hydroxyd, säureunlösliches geglühtes Oxyd, sauer reagierende, nicht glühbeständige Salze; Alaunbildner; in HNO_3 schlecht lösliches Metall, Komplexbildung mit Tartrat u. a.]. Das Carbonat löst sich in Ammoncarbonat-Überschuß und wird beim Kochen daraus wieder gefällt.

Aluminium, Eisen, Chrom bilden als 3 wertige Elemente sehr schwache Basen. Schon die H_2O-Lösungen ihrer starken Salze reagieren daher stark sauer [4]) u. enthalten z. T. basische Salze od. kolloidal gelöstes Hydroxyd („Sol") neben so viel freier Säure, daß sie Säure-Reaktionen stärker zeigen als schwache Säuren [5]). Lösungen „neutraler" Al, $Fe^{\cdot\cdot\cdot}$ und $Cr^{\cdot\cdot\cdot}$-Salze geben daher bei tropfenweisem Zusatz von Entsäuerungsmitteln (NaOH, NH_4OH, Na_2CO_3) zwar sofort Niederschläge, die sich aber bei sofortigem Schütteln — so daß die N'e nicht Zeit haben zu „altern" — zuerst immer wieder auflösen, bei Fe und besonders bei Cr unter charakteristischer Farbänderung, bis schließlich ein ausflockendes „Koagulieren"

---

[1]) Die Flüssigkeit wird ohne Zusatz von NH_3, bei Beginn der Abscheidung des N's deutlich sauer.

[2]) Auch Glycinium genannt wegen süßen Geschmacks der Salze, der sich, stark abgeschwächt und durch anderes verdeckt, auch bei Al- u. B-Vbdgg. findet (S. 28 u. 125 oben).

[3]) Amphotere, in S. u. Lauge l'e Hydroxyde bilden Zn, Al, Cr, Pb, Sn, Sb.

[4]) Ähnlich leichte Hydrolysierbarkeit zeigen die Salze von Bi, Sb und Sn^4.

[5]) Im Gegensatz zu Borsäure und ähnlichen schwachen Säuren machen sie z. B. aus Jodid-Jodatgemisch Jod frei: $KJO_3 + 5\,KJ + 2\,AlCl_3 + 3\,HOH \rightarrow 6\,J + 2\,Al(OH)_3 + 6\,KCl$. (Vgl. S. 97, R. mit Thios.: S. 111.)

erfolgt. Ihre Salze mit flüchtigen, wenn auch starken Säuren geben daher auch beim Eindampfen ihrer Lösungen oder beim Glühen unter Verlust der Säuren basische Salze und schließlich Oxyde, wenn sie nicht bei Abwesenheit von H_2O oder Gegenwart die Hydrolyse hemmenden Salmiaks sich unzersetzt verflüchtigen wie die Chloride [1]. Besonders an den Lösungen der farbigen Salze von Cr und Fe lassen sich die Verhältnisse beobachten. Trockene Fe^{3}-Salze sind als Anhydride fast farblos, kristallwasserhaltig bräunlich gelb [2], in H_2O gelöst braun, besonders stark in der Hitze [kolloidal gelöstes $Fe(OH)_3$]. Beim Erkalten hellt sich die Farbe allmählich wieder auf. Säureüberschuß drängt die Hydrolyse zurück: HNO_3 entfärbt die braune Sulfat- oder Nitratlösung ganz, H_2SO_4 nahezu. Die Entfärbung durch Fluoride und Phosphorsäure beruht auf Komplexbildung (vgl. S. 76 ff.). Bei konz. HCl wird die $H^{\cdot}$-Wirkung verdeckt durch die des Cl-Ions: sehr dil., fast farblose $FeCl_3$-Lösung wird durch reichlichen Chloridzusatz (HCl, $MgCl_2$) gelbgrün (vgl. S. 76, A. 6 u. 86). Bei Cr herrschen ähnliche Verhältnisse, kompliziert durch eigenartige Dissoziations-Isomerien. Die gewöhnlichen trockenen Chromisalze des Handels und ihre H_2O-Lösungen sind violett, werden aber in der Hitze grün. Bei Reduktion von Chromaten mit konz. HCl entstehen auch in der Kälte grüne Lösungen, bei vorsichtigem Entsäuern grün-rötlich-violette Schillerfarbe zeigend. Ebenso geht beim Abkühlen heißer Lösungen das Grün sehr allmählich zurück in Violett, schneller ($\sim$ Fe) bei HNO_3-Zusatz (Rose). Umgekehrt werden bei sehr langem Aufbewahren violette Lösungen grün (Rose), es entstehen Gleichgewichte. Nebenher spielen besondere Komplexbildungen mit abnormer Ionisierung eine Rolle: Cr bildet mit H_2O oder Cl komplexe grüne Kationen, sog. Aquo- und Chlorosalze z. B. können in violettem $CrCl_3 \cdot 6\,H_2O$ = $[Cr(H_2O)_6]Cl_3$ mit 1 Hexaaquo-chromi-Ion 1 und 2 Atome Cl den Platz tauschen mit 1 und 2 H_2O, derart, daß das Cl der

[1] Gefahr von Al-Verlusten bei quantitativer Analyse, wenn ungenügend ausgewaschenes, noch NH_4Cl-haltiges $Al(OH)_3$ geglüht wird.

[2] Eisenalaun und in der Natur vorkommendes $Fe_2(SO_4)_3$, infolge geringen Mn-Gehaltes violett.

entstehenden grünen Salze Kationbestandteil wird und nicht mehr mit $AgNO_3$ fällbar ist (S. 80). Beim Sulfat herrschen ähnliche Verhältnisse. Durch die Reagenzien und Operationen im Lauf der Analyse werden die normalen Ionen meist zurückgebildet. – Allgemein kann schon, wenn die H-Ion-Konzentration hinreichend klein gemacht wird, ohne daß sie ganz verschwindet, das betr. Hydroxyd oder basisches Salz gefällt werden. Solche Niederschläge pflegen gut filtrierbar zu sein. Anders erzeugt sind sie oft schleimig gequollen; $Fe(OH)_3$ braun, $Cr(OH)_3$ schmutzig graugrün. Das farblose $Al(OH)_3$ ist in kleinen Mengen Quallen ähnlich durchscheinend und daher schlecht sichtbar im H_2O, solange es sich nicht zu größeren Flocken schließlich kleisterartig zusammenballt. Die N'e lösen sich zuerst noch leicht in S., leichter kalt als heiß, werden aber schon beim Stehen unter H_2O, schneller beim Erhitzen, allmählich schwerer l., sie „altern". Sie lösen sich auch im Überschuß ihrer eigenen Salze zu basischen Salzen. (Durch Dialyse davon erhältliche kolloidale Lösungen zeigen die Reaktionen der Ionen nicht mehr.) Bildung komplexer Anionen mit Tartrat, Oxalat usw. vgl. S. 76 ff. Die Hydroxyde bilden auch Komplex-Vbdgg. mit vielen Farbstoffen: Eine Lösung von alizarinsulfosaurem Na z. B. gibt, mit NH_3 und Al-haltiger Lösung erhitzt, nach Abkühlen und Essigsauermachen einen flockigen, feurig orangegelben „Tonerdelack", während bei Abwesenheit von Al das Reagenz entfärbt, d. h. gelb wird. (Vbdgg. der Hydroxyde mit Farbstoff und Gewebefaser: „Färberbeizen".) – Moringerbsäure (wenige gtt. alkoholischer Lösung) gibt mit schwächer sauren Al-Lösungen auch in großer Verdünnung noch blaugrüne Fluoreszenz. Frisch gefällt bilden die Hydroxyde bei langer Berührung mit kaltem, salzarmem H_2O leicht kolloidale Lösungen (Sole), die durch Erhitzen mit nicht lösenden Elektrolyten wieder ausgeflockt werden[1]). Beim Trocknen

[1]) Man hat sie darum als kolloidale Oxyde mit völlig wechselnden Mengen „imbibierten" Wassers auffassen wollen. Nach B. 1924, 58 handelt es sich indessen um wahre, bestimmt formulierbare Hydroxyde, allerdings sehr wechselnder Hydratstufen und auch wechselnder Löslichkeit (vgl. Hofm. S. 745).

„schrumpfen“ sie und zerfallen in äußerlich harte, innen H_2O zäh festhaltende Schollen und gehen beim Glühen in Oxyd über, das, wenn lange und hoch genug erhitzt, sehr schwer in allen S'en l. [1]) und den mineralischen Al-Oxyden (Rubin, Saphir, Korund, Schmirgel) ähnlich wird, und zwar bei Al und Cr[2]) noch unlöslicher als bei Fe, dessen Oxyd sich genügend fein verteilt, bei langer Berührung in heißer konz. HCl doch langsam löst[3]). — Alle 3 geglühten Oxyde lassen sich mit Alkalipyrosulfat (S. 108) aufschließen; Al-Oxyd leicht auch alkalisch, Cr_2O_3 besonders leicht alkalisch oxydierend (Soda und Salpeter). — Gleiche Unlöslichkeit zeigen Misch-Oxyde 2- und 3-wertiger Metalle [4]), die als Mineralien häufigen Spinelle. Durch Erhitzen mit Kohle werden die Oxyde von Fe, nicht die von Al und Cr zu Metall reduziert. Erhitzt man Al_2O_3 mit Kohle im Chlorstrom oder Al-Metall im HCl-Strom oder ein nicht zu altes Oxyd mit NH_4Cl-Überschuß, so sublimiert $AlCl_3$. Im Gemenge mit Alkalichlorid verliert dieses seine Flüchtigkeit (Komplexbildung vgl. S. 77, A. 1 b). Es verhält sich wie ein Säurechlorid oder Anhydrid [5]), raucht an feuchter Luft und zersetzt sich mit viel Wasser unter Zischen weitgehend hydrolytisch. Komplex-Vbdg. mit Fluor S. 88, mit Tartrat S. 76, A. 4, mit SiO_2 S. 126.

Alle OH-haltigen Laugen, aber auch „unlösliche“ Basen, wie ZnO, fällen die Hydroxyde schon in der Kälte. Die R. mit NH_4OH ist praktisch quantitativ, und nicht umkehrbar, wie bei Mg, Mn u. a., und mit NH_3-Überschuß bilden sich

---

[1]) Ähnliches Verhalten bei SnO_2 und SiO_2 (S. 70 unten u. S. 126).

[2]) Cr_2O_3 nimmt bei langem Glühen etwas Sauerstoff auf, Chromichromat ($Cr_2O_3 \cdot CrO_3 = 3\ CrO_2$ bildend.

[3]) Im Unterschied zu SiO_2 bleibt Al_2O_3 löslich, wenn bei Aufnahme einer alkalischen Schmelze mit Säure und Eindampfen bei 100° wenig übersteigender Temperatur für dauernde Anwesenheit von Säure gesorgt ist. (Aufschließung von Alumosilikaten vgl. S. 127.)

[4]) Beispiele: Chromeisenstein $Cr_2O_3 \cdot FeO$; Magneteisenstein $Fe_2O_3 \cdot FeO$; eigentlicher Spinell (Mg-aluminat), Thénards Blau (Co-aluminat); Blaugrünoxyd (Co-chromit) u. a.

[5]) Vgl. $KCl \cdot AlCl_3$ mit $K_2O \cdot CO_2$.

keine Me-NH_3-Komplexe wie bei Cu, Zn [1]) u. ä. — Überschuß konz. OH-Lösungen löst $Al(OH)_3$ und $Cr(OH)_3$ leicht zu Aluminat und Chromit (K_3MO_3 oder KMO_2) [2]). Auch diese Lösungen sind stark hydrolytisch gespalten und reagieren daher wie Gemische von Lauge und kolloidal gelöstem Hydroxyd. Auch hier kann, wenn die OH-Konzentration hinreichend klein wird, ohne ganz zu verschwinden, das Hydroxyd wieder gefällt werden. Bei Chromiten genügt dazu wie bei Zinkaten (S. 46) Verdünnen und Kochen. Aluminatlösung, auch verdünnte und nur der Formel $KAlO_2$ entsprechend Alkali enthaltende, wird erst bei weiterem Abstumpfen der OH-Konzentration gefällt. Von Säuren sind hierzu natürlich schwache, wie H_2CO_3 und H_2S, besser verwendbar, als stärkere im Überschuß wieder lösend wirkende. Dasselbe wird erreicht durch Kochen mit NH_4-Salz [auch durch $(NH_4)_2S$] [3]), wobei entstehendes NH_4-aluminat vollständig hydrolytisch zersetzt wird. Bei zu langem Kochen mit NH_4-Salzen starker Säuren besteht die Gefahr, daß diese ebenfalls hydrolysiert, die R. sauer und $Al(OH)_3$ zum Teil wieder gelöst wird [4]). Man vermeidet daher NH_4-Salz-Überschuß, langes Kochen und verwendet besser NH_4-Salze schwacher Säuren (Acetat). Mit allen möglichen Metallsalzen z. B. Ca, Ba, Zn gibt die Aluminatlösung N'e. Will man daher Fe und Al in einer Ba-haltigen Lösung durch OH-Überschuß trennen, so fällt man Ba zuvor aus als $BaSO_4$ (vgl. II, 96, Akg. 3). — Saure und alkalische

[1]) Betr. Cr vgl. S. 12, Akg. 3.

[2]) Im Gegensatz zu NH_4-OH als schwächerer Base; $Al(OH)_3$ ist bei Abwesenheit von NH_4-Salz allerdings nicht ganz unlöslich im Überschuß starken Ammoniaks. Starker NH_4-Salz-Überschuß ist andererseits erfahrungsgemäß der Fällung nicht förderlich. $Fe(OH)_3$ ist in sehr konz. Lauge etwas l. (Ferrite). In OH-Konzentrationen, wie sie die Hydrolyse von Alkalicarbonat, -cyanid u. ä. erzeugt, löst sich $Al(OH)_3$ kaum mehr auf. Jene Alkalisalze fällen daher $Al^{\cdots}$-Salze praktisch vollständig (S. 90, Akg. 4).

[3]) Das Sulfid-Ion ist dabei für die Fällung bedeutungslos: (diff. Zinkate) (vgl. S. 47).

[4]) Ohne nachdrücklichen Hinweis hierauf ist bedenklich die oft zu findende Angabe: bei Fällung von $AlCl_3$ mit NH_4OH müsse — aus der (bei sparsamem NH_3-Zusatz ziemlich überflüssigen) Besorgnis, der NH_4OH-Überschuß könne etwas $Al(OH)_3$ in Lösung halten — gekocht werden bis zum Verschwinden jeglichen Geruchs nach NH_3 (vgl. II, 11, Akg. 2).

Al-, Zn- oder Cr-Salzlösungen fällen sich gegenseitig: $AlCl_3 + 3\,KAlO_2 + x\,H_2O = 3\,KCl + 2\,Al_2O_3 \cdot x\,H_2O$. Fällt man $Cr(OH)_3$ und $Fe(OH)_3$ gleichzeitig, so entsteht ein durch Lauge nicht zersetzliches und nicht gelöstes Ferrichromit. Erst wenn man Br oder H_2O_2 zusetzt, kann man alles Cr als Chromat durch NaOH in Lösung bringen, während $Fe(OH)_3$ ungelöst zurückbleibt (vgl. II, 97, Akg. 4). – Lösliche Carbonate, auch primäre und auch das wenig lösliche $BaCO_3$ als Aufschlämmung (Analysen-Gang: II, 95), Sulfide, Thiosulfate, Nitrite, Cyanide fällen ebenfalls Hydroxyde unter Bildung von CO_2, H_2S, SO_2 + S usw. Nur bei den Ferrisalzen tritt durch Sulfide Reduktion ein zu FeS + S. Trocken herstellbares Al_2S_3 zersetzt sich mit H_2O vollständig zu H_2S und $Al(OH)_3$.

Durch lösliche Acetate (ähnlich Formiate) werden beim Kochen genügend entsäuerter Lösungen Al, Fe und Cr ebenfalls gefällt unter Bildung freier Essigsäure, wobei die H-Konzentration zweckmäßig durch Alkaliacetatüberschuß weiter herabgedrückt wird. Die N'e enthalten Me und Acetat in komplexer Bindung in verschiedenem Mischungsverhältnis enthaltende Kationen!! (vgl. S. 80). Cr^3-Salze geben (nach sorgfältiger Entsäuerung) mit Alkaliacetat schon in der Kälte eine Fällung, die sich beim Kochen vermehrt, aber selbst nach erneuter Entsäuerung und Kochen des Filtrats unvollständig bleibt. Bei Gegenwart von genügend Al und Fe^3 wird die Cr-Fällung dagegen praktisch vollständig. – Lösliche Phosphate (sekundäre und tertiäre) fällen flockige, etwas schleimige, in schwachen Säuren nicht lösliche und daher aus Lösungen in „Mineralsäure" durch Alkaliacetat wieder fällbare N'e. $CrPO_4$ in viel kalter E. S. löslich, beim Kochen wieder gefällt. (Al weiß, Fe und Cr schwach gelb bzw. grün.) OH-haltige Lösungen zersetzen $FePO_4$ allmählich unter Braunfärbung. Über die PO_4-Abscheidung und Trennung von alkalischen Erden mit $FeCl_3$ vgl. II, 89. Trennung von Fe und PO_4 mit $(NH_4)_2S$.

Aluminium AlX_3 Al-Salze; Vbdgg. mit komplexem Al-haltigem[1]) Anion: $MAlX_4$ und M_3AlX_6. Das elektrolytisch ge-

[1]) M und X sollen in diesen Formeln einwertige Kationen und Anionen bedeuten, etwa M = K; X = Cl oder 2 X = O.

wonnene Metall verändert sich in größeren Stücken auch bei Erhitzen an der Luft nicht sichtbar; in fein verteilter Form verbrennt es dagegen mit glänzendem Licht zu Oxyd und Nitrid. Andere Sauerstoff-Vbdgg. reduziert es in der Hitze [1]), ähnlich wie Na oder Mg, unter sehr großer Wärmeabgabe (z. B. Phosphat, Borat und Silikat, vgl. II, 45, 4). Gegen Wasser zeigt es eine bei seiner Stellung in der Spannungsreihe [2]) überraschende, durch Bildung hauchdünner unlöslicher Oxyddeckschichten erklärte Beständigkeit. Die R. mit H_2O tritt erst in Erscheinung bei fein verteiltem, blankem und (z. B. durch Zn) verunreinigtem Metall [3]) und bei Vorbehandlung mit Jodspuren oder kalter $HgCl_2$-Lösung: $2\,Al + 3\,HgCl_2 \rightarrow 2\,AlCl_3 + 3\,Hg$ [4]). Nach schnellem Abgießen und Wegwaschen des $AlCl_3$ stürmische H_2O-Zersetzung, unter deren Wirkung z. B. Nitrate NH_3 bilden. Enthält das Wasser Stoffe, die die Bildung der Oxyddeckschicht hindern oder sie beseitigen, z. B. H- und OH-Ion, so geht das Metall unter H_2-Entwicklung in Lösung, z. B. auch in H_3PO_4 und in Essigsäure; besonders stürmisch aber mit Laugen (Bildung von Aluminaten vgl. S. 26). Sogar Alkalicarbonatlösungen wirken noch etwas lösend. Von konz. HNO_3 wird Al nicht, von dil. nur langsam angegriffen (passiver Zustand vgl. S. 31, Akg. 2). — Al ist kein farbgebendes Element; gefärbte Al-haltige Vbdgg. wie Ultramarin und Thénards Blau (vgl. unten) verdanken die Farbe den anderen Bestandteilen. Der Geschmack des physiologisch indifferenten Al-Kations ist süßlich [5])-sauer und zusammenziehend. — Lösliche Salze sind Chlorid, Sulfat, Nitrat, Acetat, Chlorat. — Beim Erhitzen von Al-Vbdgg. mit Co-Salz und Soda auf Kohle entsteht, gegen Säuren und Laugen recht beständiges „Thénards Blau", Co-Aluminat. — Ferrocyanide geben nach

---

[1]) Hierauf beruht das sog. Thermit-Verfahren von Goldschmidt.

[2]) K, Na, Ba, Sr, Ca, Mg, Al, Mn, Zn, Cd, Cr, Fe, Co, Ni, Sn, Pb, H, Cu, Sb, As, Bi, Hg, Ag, Pt, Au.

[3]) Entzündetes Al-Metall brennt in H_2O-Dampf, CO_2, SO_2 weiter unter Bildung von H_2, Ruß (C) und Schwefel.

[4]) An feuchter Luft wirkt NaCl auf Al allmählich wie NaOH + HCl (siebartige Löcher in Salzgefäßen aus Al-Blech).

[5]) Vgl. S. 22, Beryllium.

einiger Zeit eine starke, lange suspendiert bleibende Fällung. — Schweflige Säure gibt beim Erhitzen einen starken, beim Erkalten wieder verschwindenden N. (Rose). — Aus heiß gesättigten Al, K und SO_4 enthaltenden Lösungen scheidet sich beim Erkalten schwerlöslicher Alaun[1]) $KAl(SO_4)_2 \cdot 12\,H_2O$ ab [2]). — Al-Salze werden weder durch Oxalsäure noch durch Ammonoxalat gefällt (diff. seltene Erden u. alkal. Erden). — $Al(OH)_3$ l. in Alkali-Oxalat (S. 77 unten).

So charakteristisch die R'en erscheinen, wenn man mit reinen Al-Salzen zu tun hat, so schwer ist der zweifelsfreie Nachweis kleiner Mengen in Gemischen, weil keine Verbindungen bekannt sind, die sich von den Analogen anderer Elemente durch Farbe und Löslichkeit besonders auszeichnen; dazu kommt der völlige Mangel oxydierender und reduzierender Eigenschaften und die Gefahr der Täuschung infolge von aus dem Glas der Gefäße stammendem Al-Gehalt alkalischer Reagentien. (Vgl. S. 127.)

Eisen. — Verbindungstypen vgl. S. 30. Abnahme der Basizität mit Zunahme der Wertigkeit: $Fe(OH)_2$ starke Basis; Salze, wenn ganz rein, neutral reagierend; $Fe(OH)_3$ sehr schwache Basis; Salze stark sauer. Die durch fast alle Oxydantien, schon durch Luft („spontan") eintretende Oxydation von Ferrosalz [3]) verläuft daher weniger schnell in stark sauren Lösungen [4]), während $Fe^{\cdots}$ vorzugsweise durch saure Mittel reduziert wird (Weiter S. 31.)

---

[1]) Alaune heißen allgemein Doppelsulfate dreiwertiger mit einwertigen Metallen (Al, Fe, Cr, Mn mit Alkalien oder NH_4). Sie haben eine Reihe gemeinsamer Eigenschaften (gleich viel Kristallwasser, Unlöslichkeit in Alkohol gleiche Kristallform).

[2]) Al bildet viele solcher „Doppel"-Verbindungen, z. B. Sulfat, Halogenid, Silikat, Carbonat desselben mit entsprechenden Alkali-Vbdgg. Die Alaune sind typische Doppelsalze, ihre sauer reagierenden Lösungen enthalten nur die Einzelionen, andere sind mehr oder weniger komplex (Oxalat und Tartrat vgl. S. 76 ff.); Ultramarin S. 105, Akg. 1; Feldspat S. 127. — Analogie von Al mit B (vgl. S. 124, Akg. 2) und Sb (vgl. S. 71). — Analogie in den Formeln O = Al—O—K; (SO_4) = Al—(SO_4)K; (CO_3)AlOK (S. 77, Akg. 1); ferner K_3AlO_3; $K_3AlO(C_2O_4)_2$; Na_3AlF_6 (Kryolith).

[3]) Alkalische Ferrotartrat-Lösg. in der Gas-Analyse zur Absorption von Sauerstoff.

[4]) Stark saure $FeCl_2$-Lösg. als Reagens zur quantitativen Reduktion von Nitrat zu NO.

Um Raum zu sparen, sind die eigentlichen Namen Mangani-Mangano-oxyd u. ä. in leicht verständlicher Weise gekürzt. Gebräuchlich sind auch ältere Namen wie Mangan-oxydul-oxyd

2	*)	3	4	6	7
MnX_2 Mangano-Salz	**Mn_3O_4** Mangano-ni-oxyd	**Mn_2O_3** Mangani-oxyd	**MnO_2** Mn-dioxyd X_2MnO_3 Manganite	**X_2MnO_4** Manganate	**$XMnO_4$** Permanganate
CrX_2 Chromo-Salz	Cr_3O_4	**CrX_3** Chromi-Salz **$XCrO_2$** Chromite	CrO_2	**X_2CrO_4** Chromate	**$XCrO_5$ X_3CrO_8** u. a. Perchromate [3])
FeX_2 Ferro-Salze	**Fe_3O_4** Ferro-ri-oxyd	**FeX_3** Ferri-Salz $XFeO_2$ Ferrite [1])	**FeS_2** [4]) Eisen-disulfid, Pyrit	X_2FeO_4 Ferrate	
CoX_2 Kobalto-Salz $X_2[CoX_4]$ $X_4[CoX_6]$	**Co_3O_4** Kobalto-tioxyd	**Co_2O_3** Kobalti-oxyd **$X_3[CoX_6]$**[2])	CoO_2 Kobalt-dioxyd		
NiX_2 Nickelo-Salz $X_2[NiX_4]$	Ni_3S_4	**Ni_2O_3 Nikeli-oxyd**	NiO_2 Nickel-dioxyd		
PbX_2 Plumbo-Salz $MPbX_3$ M_2PbO_2 Plumbite	**Pb_3O_4 Mennige**	Pb_2O_3 (S. 59, A. 4)	**PbO_2 Blei-dioxyd X_4PbO_4 X_2PbO_3** Plumbate		

*) Intermediär- oder Zwischen-Oxyde: $XO_2 \cdot 2\,XO$ (bei Pb); $X_2O_3 \cdot XO$ (bei Fe, Co); aber auch X_2O_4 (bei Sb); XO_2 (bei NaCl), sind im allgemeinen in die höheren Stufen oxydativ nicht überführbar, wohl aber disproportionierend. (Vgl. S. 31, 43, 62, 71, 96, 98.)

[1]) Fe-Gehalt starker Natronlauge, allmählich als $Fe(OH)_3$ ausgeschieden. Viel wichtiger sind Vbdgg., die daraus durch Ersatz von O mit komplexbildenden Anionen sich ableiten, wie $KOFe(C_4H_4O_6)$ „Tartarus ferratus" (vgl. S. 71, Akg. 1) oder $Fe(CN_6)K_3$ rotes Blutlaugensalz, $Fe(OK)_3$ entsprechend (vgl. S. 31 und 92 unten). Nach Mendelejeff enthält die Blutlaugenschmelze $KFeS_2$.

[2]) Diese Formeln der Komplex-Verbindungen z. B. $X_3[CoX_6]$ gelten, gleichgültig ob das Metall Bestandteil eines komplexen Kations oder Anions wird, z. B. $[Co(NH_3)_6]Cl_3$ — $K_3[Co(NO_2)_6]$ — $K_3[Co(CN)_6]$.

[3]) Vgl. S. 37 unten; S. 81.

[4]) Vielleicht Fe = S = S oder Fe.
S-S

$Fe^{\cdot\cdot}$-Salze ähneln $Mn^{\cdot\cdot}$-Salzen, sind aber viel leichter oxydierbar. Fe_3O_4 entsteht und verhält sich wie entspr. Mn-, Co-, Pb-Vbdgg. (s. S. 38, 42 u. 62). Ferrite und Ferrate sind analytisch bedeutungslos. Wichtig dagegen die in hochkomplexer Bindung Fe enthaltenden Anionen z. B. mit Cyan [$X_4Fe(CN)_6$ Ferro-, $X_3Fe(CN)_6$ Ferricyanide (S. 33)], mit Fluor (S. 88) mit Tartrat u. a. Das Verhalten des Metalls gegen H_2O, bei verschiedenen Temperaturen und Gegenwart oder Abschluß von Sauerstoff und von Säuren ist besonders wichtig: Bekanntlich rostet es an der O-, H_2O- und CO_2-haltigen Luft, d. h. es geht über in $Fe_2O_3 \cdot x\,H_2O$ [1]), eine hygroskopische, nichtzusammenhängende, braune Masse (Rost). Die stets säurehaltige Laboratoriumsluft begünstigt diesen Vorgang. Ebenso Gehalt des H_2O an manchen Salzen (Meerwasser; Mg-Salze). Umgekehrt bleibt das Metall blank in alkalischem Medium (z. B. in Zement). Säure- und sauerstofffreier H_2O-Dampf erzeugt oberhalb 200^0 eine fest zusammenhängende Schicht von schwarzem Fe_3O_4. Einwirkung von Sauerstoff allein: In feiner Verteilung verbrennt Fe — z. B. als Pulver in die Flamme gestreut — zu Oxyd. Durch Reduktion des Oxalates im H-Strom entsteht Fe in so feiner Verteilung, daß es schon bei Z. T. an der Luft verbrennt („pyrophorisches Fe"). Bei besonders hoher Temperatur (Schmieden) entsteht das sauerstoffärmere Fe_3O_4 (Hammerschlag), dessen Hydrat $Fe_3(OH)_8$ sich beim Kochen von frisch gefälltem $Fe(OH)_2$ mit H_2O oder aus Ferro-Ferrisalzgemisch mit Lauge bildet. — Das Metall löst sich leicht schon in nicht oxydierenden Säuren, und zwar schwerer in konzentrierten[2]). Der mit dil. S. stürmisch entwickelte Wasserstoff besitzt infolge organischer Beimengungen (dem Hochofen entstammend) üblen Geruch. Es hinterbleibt ein unlöslicher kohliger Rückstand. — Auch beim Erhitzen von Eisen mit festem KOH soll etwas H_2 entstehen [3]). Rostbildung und

---

[1]) Vgl. S. 24, Akg. 1.

[2]) Unter bestimmten Bedingungen, besonders nach kurzer Einwirkung rauchender HNO_3, löst sich Fe in dil. S. kaum noch auf, es wird „passiv". Fe, das man in Ca-Karbid als Verunreinigung findet, ist in Säuren praktisch unlöslich. Möglicherweise sind es hauchdünne unlösliche Deckschichten, die den Angriff der Säure hindern.

[3]) Vgl. indes hierzu S. 102.

Löslichkeit in Säuren wird durch Beimengungen in hohem Grade beeinflußt (säurefeste moderne Stahlsorten, z. B. Nirosta-Stahl). Beim Lösen in nicht oxydierenden Säuren entstehen ausschließlich die blaßgrünen, auch in Lösung (im Gegensatz zu $Mn^{\cdot\cdot}$-Salzen) noch deutlich farbigen, durch Befreiung von Kristallwasser farblos werdenden, nach Tinte schmeckenden Ferrosalze. Bei hohen Temperaturen tritt neben Hydrolyse Oxydation ein: Aus Eisenvitriol $FeSO_4 \cdot 7\,H_2O$ entsteht basisches Ferrisulfat, das weiter erhitzt zerfällt in Fe_2O_3 und H_2SO_4, bei Abwesenheit von H_2O entsteht $Fe_2O_3 + SO_3 + SO_2$. Allmählicher Oxydation unterliegen die Ferrosalze schon trokken bei Z. T.; um so schneller, je schwächer die Säure ist; Ferroammon-sulfat (Mohrsches Salz) langsamer (!?). Im Licht weniger als im Dunkeln. In reiner Form weißes $Fe(OH)_2$ [1]) geht fast augenblicklich in schmutziggrüne Zwischenoxyde und schließlich in rotbraunes $Fe(OH)_3$ über. Die Fällbarkeit von $Fe(OH)_2$ wird wie bei Mg und Mn durch NH_4-Salze gehemmt, ist also mit Ammoniak, wie dort, unvollständig. Die durch allmähliche Oxydation eintretende Fällung von $Fe(OH)_3$ wird durch NH_4-Salz natürlich nicht gehindert. Organische Stoffe wie Zucker u. a. verzögern die Oxydation (Syr. ferri jodati, Ferr. carb. saccharat.). Fe_2O_3 beschleunigt andererseits die Verbrennung organischer Sz. katalytisch (Rost „frißt" Löcher in die Gewebe). Schwer lösliche gealterte und völlig H_2O-freie Ferrosalze oxydieren sich entsprechend schwerer, so z. B. das Mineral Spateisenstein $FeCO_3$ im Gegensatz zu der frisch gefällten Vbdg., die beim Kochen schon übergeht in $CO_2 + Fe(OH)_3$. Kohlensäure löst es zu Bicarbonat (Fe-Gehalt natürlicher Wässer). Bis fast zur Farblosigkeit verdünnte $FeCl_2$-Lösungen werden durch Zusatz konz. Chloridlösungen (HCl, $MgCl_2$) dunkelgrün (~ Cu, Co, $Fe^{\cdot\cdot\cdot}$) [2]). Das leuchtend hellgelbe Oxalat ist unlöslich in E. S. (~ Ca) und bildet mit Alkalioxalat-Überschuß lösliche Komplex-Vbdgg. — FeS ist mit löslichen Sulfiden, aus Ferro- und Ferrisalzen (aus diesen neben S), auch aus der

---

[1]) Erhöhung der Stabilität durch KNO_3 B. 71, 992.
[2]) Daher die grüne Farbe roher Salzsäure.

Mehrzahl der Komplexe mit Ausnahme der Doppelcyanide fällbar als schwarzgrüner, schleimiger, in S. leicht löslicher, und oxydabler N. — H_2S fällt daher bei Salzen starker S. nur aus heißen dil. Lösungen sehr geringe Mengen, wohl aber bei Zusatz von genügend Na-Acetat. In kalten, salzarmen Flüssigkeiten neigt FeS dazu, sich mit grüner Farbe kolloidal zu lösen [1]). Der feuchte FeS-N. oxydiert sich leicht an der Luft, wobei $FeSO_4$ und Ferrioxyde entstehen, so daß er teilweise in Wasser löslich, teilweise in Säure schwerer l. wird. Messinggelbes Pyrit-Mineral FeS_2 („Katzengold") unterliegt, nur viel langsamer, der gleichen Oxydation, wobei freie H_2SO_4 entsteht. Ferrosalze können bei der Oxydation auch das ungesättigte NO addieren. (Prüfung auf Nitrat S. 103 unten.) — Überführung von Ferro- in neutrales Ferrisulfat erfordert neben Oxydationsmittel noch H_2SO_4-Zusatz. Sonst kann nur basisches Ferrisalz entstehen. — Aus Edelmetallsalzen schlägt $FeSO_4$ die Metalle nieder. — Im Licht gehen Ferrisalze in starker Verdünnung allmählich in Ferrosalz über. (Aufbewahrung in braunen Gläsern.) Stark rot gefärbt werden Fe^3-Salze durch a) Alkali-Acetat, b) durch Rhodanide [2]). Starke Säure entfärbt bei a) (→ Ferrisalz + schwache E. S.) während sie bei b) die Farbe verstärkt. Fluoride entfärben beide durch Komplexbildung (S. 88). Bei a) Zersetzung durch Kochen unter Entfärbung (S. 27); bei b) Herausschütteln der Farbe mit Äther. — Oxydations-Reaktionen: Ferrisalze machen aus Jodiden Jod frei, aus Sulfiden Schwefel und oxydieren manche niedere Wertigkeitsstufen, z. B. SO_2, $SnCl_2$. — Braune und grüne Fe^3- u. Fe^2-haltige Perlen (Flaschenglas). — Fe-CN-Komplexe: Alkalicyanide fällen aus Ferro- und Ferrisalzen N'e, die im Reagensüberschuß löslich sind zu hochkomplexem K-ferro- und -ferricyanid: $K_4Fe(CN)_6$ und $K_3Fe(CN)_6$ (Blutlaugensalze). Ferrosalze geben mit Ferrocyanid einen weißen, schon durch Luftsauerstoff sich bläuenden N., Ferrisalze und Ferricyanide eine dunkelbraune Lösung, die durch die gelindesten Reduktionsmittel blau wird. Ferri-

[1]) Allmählich setzt sich daher in den $(NH_4)_2S$-Flaschen oft ein grünschwarzer Bodensatz ab. Spuren-Nachweis von Fe erfordert daher Vorsicht.
[2]) Vgl. S. 92, A. 1.

salze (auch Rhodanid) mit Ferrocyanid, Ferrosalze mit Ferricyanid intensiv blaue N'e, die früher als Berliner- und Turnbulls Blau unterschieden, als Ferriferrocyanid und Ferroferricyanid angesehen wurden. Infolge Oxydation zwischen $Fe^{\cdot\cdot}$ und $Fe(CN)_6'''$ [zu $Fe^{\cdot\cdot\cdot}$ und $Fe(CN)_6''''$] ist indes auch Turnbulls Blau ein Ferrocyanid. Die Eisenblausorten zeigen je nach Herstellung Verschiedenheit in bezug auf Farbton, Zusammensetzung (Gehalt an Alkali, an $Fe^{\cdot\cdot\cdot}$ und ev. auch $Fe^{\cdot\cdot}$ als Kation, und an OH), Löslichkeit (kolloidale), Schnelligkeit der Zersetzung durch Alkali (vgl. S. 93 unten), und gegen Licht. Gegen Säure sind sie auffallend beständig [1]). Eine mit kalter konz. HCl herstellbare grüngelbe Lösung wird bei Verdünnen und durch Salzzusatz wieder blau gefällt. Oxalsäure löst mit blauer Farbe. (Tinte!) Weiteres über Eisencyankomplexe (Zersetzung durch Alkali, HgO, $PbO_2 + HNO_3$ u. a.) vgl. S. 93.

Chrom. — Verbindungstypen S. 30. Farbe findet sich bei den Cr-Vbdgg. wie bei keinem anderen Element. Fast alle Verbindungen [2]), auch die von Kristallwasser freien sind farbig, und zwar sind alle Teile des Spektrums vertreten: Angefangen vom Rot und Gelb der Cr^6-Vbdgg., über das Grün des Cr_2O_3 und der heißen, sauren Cr^3-Salzlösungen zum Blau der Perchromsäure und Chromosalze und dem Violett der Chromisalze, besonders leuchtend im sublimierten, in Säuren und Laugen praktisch unlöslichen [3]) $CrCl_3$. Auch die unreinen schwärzlichen Mischfarben sind vertreten in den braunen Zwischenoxyden (Chromichromaten) [4]), in CrO_2Cl_2 und den schmutziggrünen Oxydhydraten [$Cr(OH)_3$] und Chromiten (Chromeisenstein graubraun). Dazu kommen noch die in großer Zahl bekannten Verbindungen mit komplexen Cr-haltigen Ionen wie z. B. das blaue $K_4Cr(CN)_6$, das rote Lösungen und grüne oder rote Metall-Niederschläge gibt. Die Farbe der Chromate ist abhängig von der Art des Ka-

[1]) Indes geben die löslichen Eisencyanate mit starken Sauren besonders bei Erwärmen immer etwas Berlinerblau.

[2]) $CrCl_2$ wird beschrieben als farblos, löst sich aber mit blauer Farbe; Chromosalze unbeständig, stark oxydabel. In der Hitze: $CrCl_2 + H_2O \rightarrow H_2 + Cr^3$-Salz (Hofmann S. 571). Analytisch unwichtig.

[3]) Löslich in Säure bei Zusatz einer Spur $CrCl_2$ (!?).

[4]) Cr_2O_3 addiert in der Gebläseflamme allmählich etwas O_2 (S. 25, A. 2).

tions[1]), vom Verhältnis der Mengen von „Base" und „Säure"[2]), von der Bereitungsweise[3]) und oft von geringen Beimengungen. (Farbe der Cr^3-Vbdgg. vgl. S. 23.) Sie lassen sich daher leicht erkennen auch in Gemischen, in denen die ursprüngliche Farbe durch andere verdeckt ist: 1. Sie färben Borax- und P-Salz-Perle grün. 2. Alkalisch oxydierend geschmolzen, gehen sie über in Alkalichromat, das mit gelber Farbe in H_2O löslich ist. 3. Lösliche Chromate geben mit H_2O_2 und H_2SO_4, HNO_3 oder E. S. blaue Überchromsäure. Am besten stellt man R. 3 an mit einer Probe der nach 2 bereiteten Lösung. R. 2 wird gestört durch die grüne Farbe etwa in der Schmelze enthaltener Manganate. Diese sind aber leicht zersetzlich zu $Mn(OH)_4$, z. B. durch Alkohol, so daß man ein Mn-freies gelbes Filtrat erhält. Auch der Wechsel der Farbe von Gelb oder Rot in Grün bei saurer Reduktion mit HCl unter Cl-Entwicklung, sowie der Wechsel zwischen Grün und Violett bei den Cr^3-Salzen (vgl. S. 23) ist charakteristisch. — Die Oxydation $Cr^3 \rightarrow Cr^6$ erfolgt leicht in alkalischer (Chromit-) Lösung, z. B. durch Halogen, PbO_2, H_2O_2[4]); mit $KMnO_4$ oder MnO_2 auch in neutraler; schwer in saurer (durch $KClO_3 + HNO_3$). Aus konz. Lösungen der Chromate fällt kalte konz. H_2SO_4 purpurrote Kristalle des Anhydrids CrO_3, das stark hygroskopisch ist, ätzt und oxydiert (z. B. ähnlich wie konz. H_2SO_4 Papier zerstört), und fälschlich Chromsäure heißt. In der Hitze zerfällt CrO_3 in grünes Cr_2O_3 und 3 O. Analog $2\,K_2Cr_2O_7 \rightarrow 2\,K_2CrO_4 + Cr_2O_3 + 3\,O$. Chromate ($K_2CrO_4$) werden in der Hitze vorübergehend Orangerot wie Dichromat, ohne sich chemisch zu ändern. Chromate flüchtiger Basen (NH_4, Hg) hinterlassen beim Glühen Cr_2O_3, wobei das Hg-Salz Sauerstoff, das NH_4-Salz N_2 entwickelt (S. 12 u. 56). Mit konz. H_2SO_4 erhitzt, geben Alkalichromate Chromisulfat und O_2 : $K_2Cr_2O_7 + 4H_2SO_4 \rightarrow K_2SO_4 + Cr_2(SO_4)_3 + 4H_2O + 3O$.

[1]) Zn- und Sr-Salz leuchtend zitrongelb, Ba-Salz blaß schwefelgelb; die selbst stark farbigen Co- und Cu-Kationen bilden dagegen unscheinbare braune Salze! Merkuro-Salz purpurrot.

[2]) Dichromate und basisches Pb-chromat rot, neutrale Alkali- und Pb-chromate gelb.

[3]) Bleichromat hell zitron- bis dunkel orangefarbig.

[4]) $NH_3 + H_2O_2$ oxydiert schwerer und unvollständig.

Erhitzt man dagegen mit der schwachen Borsäure, die kein Cr salzartig bindet, so erhält man das als Guignets Grün bekannte Oxyd $K_2Cr_2O_7 + B_2O_3 = 2KBO_2 + Cr_2O_3 + 3O$. Reduktion auch beim Erhitzen mit Schwefel $K_2Cr_2O_7 + S \rightarrow Cr_2O_3 + K_2SO_4$. – Die Lösung von CrO_3 in H_2O zeigt alle Eigenschaften einer Säure, man kann darum in ihr die eigentlichen Säurehydrate [es gibt mehrere Isopolysäuren [1])] annehmen. Chromate wirken in saurer Lösung stark, in neutraler und alkalischer viel weniger oxydierend. Dichromate dienen besonders auch bei Schmelzprozessen als Oxydationsmittel. Cr^6 geht dabei über in Chromisalz, wenn eine Säure zugesetzt wurde, oder wenn das entstandene Oxydationsprodukt eine Säure ist, sonst in Cr_2O_3. Formulierungen: a) Oxydation von Chromiten (S. 25): Der Vorgang $Cr^3 \rightarrow Cr^6$ verbraucht 3 W., der Vorgang $H_2O_2 \rightarrow H_2O + O$ liefert 2 W. Also reagieren: $3H_2O_2 + 2KCrO_2 + 2KOH \rightarrow 2K_2CrO_4 + 4H_2O$. Analog $2KCrO_2 + 3PbO_2 + 8KOH \rightarrow 2K_2CrO_4 + 3Pb(OK)_2 + 4H_2O$. – b) Reduktion von $K_2Cr_2O_7$ z. B. mit konz. HCl: Die Oxydation zu Cl braucht 1 W., $2Cr^6 \rightarrow 2Cr^3$ liefert 6 W., also oxydiert 1 Mol. $K_2Cr_2O_7$ sechs Mol. HCl, verbraucht aber zur Chloridbildung für $2Cr^3 + 2K$ noch acht Mol. HCl, also: $K_2Cr_2O_7 + 14HCl \rightarrow 2KCl + 2CrCl_3 + 7H_2O + 6Cl$ [2]), c) Analog mit SO_2: Die aus $K_2Cr_2O_7$ „disponiblen" 6 W. oxydieren $3SO_2$ zu $3SO_3$. Zur Bildung von K_2SO_4 und $Cr_2(SO_4)_3$ würden aber $4SO_3$ erforderlich sein; jene Salze können also nur entstehen mit 1 Mol. H_2SO_4 Überschuß: $K_2Cr_2O_7 + 3SO_2 + H_2SO_4 \rightarrow 2KCr(SO_4)_2 + H_2O$. Weitere Oxydations-R'en mit H_2S (zu S), mit Alkohol (zu Aldehyd) und mit verschiedensten Kat- u. An-ionen niederer W. – Im Schmelzfluß ist die Oxydation natürlich entsprechend stärker (NH_4-Salz zu N_2, S zu Sulfat usw.). Aus Lösungen, die KOH und H_2CrO_4 in diesen Formeln entsprechender Menge enthalten, erhält man beim Eindampfen statt $KHCrO_4$ orangerote Anhydrid-Salze $K_2Cr_2O_7$ (Di- oder Bi-, richtiger Pyro-chromate, analog

[1]) H_2O gebunden an 2 bis 4 CrO_3.

[2]) Mnemotechnisch: 7 O von $K_2Cr_2O_7$ erscheinen als 7 H_2O; entsprechende 7 H_2 liefern 14 HCl. — Die maßanalytisch wichtige n/10 $K_2Cr_2O_7$-Lösung enthält daher 1/60 Mol. im Liter.

$K_2S_2O_7$) (S. 108). Sie verhalten sich in Lösung wie echte saure Chromate (S. 8, A. 2). Gelbes K_2CrO_4 geht durch Ansäuern in rotes $K_2Cr_2O_7$, dieses durch Lauge wieder in gelbes K_2CrO_4 über. – Zwischen CrO_4- bzw. $HCrO_4$- und Cr_2O_7-Ionen besteht in Lösungen beider Chromatarten ein Gleichgewicht: Alkalichromate reagieren sehr schwach alkalisch: $CrO_4'' + H_2O \rightleftarrows HCrO_4'' + OH'$. Rote Dichromat-Lösgg. werden andererseits bei Verdünnen immer gelber: $Cr_2O_7'' + H_2O \rightleftarrows 2\,HCrO_4''$. Die nicht zu verdünnte Lösung von CrO_3 enthält nach der Farbe vorwiegend $H_2Cr_2O_7$. Chromat und Dichromat zeigen in starker Verdünnung die gleiche Farbe. Die Löslichkeit der Chromate ähnelt der der Sulfate, auch in der Unlöslichkeit in Alkohol, der nur das NH_4-Salz löst. Bei Ba, Sr, Ca sind sie aber löslicher, bei Pb, Ag, $Hg^{\cdot}$, Bi, Cu, Cd weniger l. als die Sulfate. Unlöslich in stärkeren Säuren kann keines der Chromate genannt werden, außer gealterte Formen, wie das zur Elementar-Analyse benutzte geschmolzene braune $PbCrO_4$. In Essigsäure dagegen sind Pb, Ba, $Hg^{\cdot}$-Salz praktisch nicht, Sn, Sb, Bi, Ag, Cd, Co, Ni-Salz wenig löslich. Wässerige E. S. löst dabei stärker als Eisessig. Dichromate schwererer Metalle sind wenig bekannt ($Ag_2Cr_2O_7$, S. 56); $K_2Cr_2O_7$ fällt meist neutrale Chromate. Die Lösungen werden daher sauer, und bei der Löslichkeit der Chromate in genügend starker Säure wird die Fällung um so unvollständiger, je höher Konzentration und Temperatur sind. $2\,BaCl_2 + K_2Cr_2O_7 + H_2O \rightleftarrows 2\,BaCrO_4 + 2\,HCl + 2\,KCl$. Aus Lösungen der Acetate oder bei Zusatz von genügend Alkaliacetat wird die Fällung vollständig. Durch kochende Soda werden „unlösliche" Chromate, wenn auch unvollständig, zersetzt. Die Chromate der „amphoteren" Metalle Zn, Pb, Sn, Sb lösen sich in NaOH-Überschuß, die von Ag, Cd, Cu, Co, Ni, Zn in NH_3-Überschuß. Mit NH_4OH oder wenig NaOH erwärmt, färbt sich gelbes $PbCrO_4$ rot durch Bildung von basischem Salz (Chromrot). – Überchromsäuren von intensiv blauer Farbe [1]) bilden sich in stark verdünnter, schwach saurer, nicht reduzierender (d. h. nicht salzsaurer), wenig CrO_4 enthaltender Lösung mit wenig H_2O_2.

[1]) Nachgewiesen sind die Typen $HCrO_5$ u. H_3CrO_8.

Beim Stehen, schnell bei H_2O_2-Überschuß, tritt Reduktion ein zu Chromisalz. Äther, der die blaue Substanz aufnimmt, kann bei richtiger Ausführung entbehrt werden. — Betr. CrO_2Cl_2 vgl. S. 86 u. 88.

Mangan. — Wertigkeitsstufen S. 30. Mit steigender Wertigkeit Zunahme von Farbigkeit und Acidität. Die Salze der starken Basis $Mn(OH)_2$, sonst denen des Mg ähnelnd, sind großenteils rosa, kristallwasserfrei farblos, ebenso in dil. Lösg. Trockenes MnO graugrün. Betr. MnS vgl. unten. $K_4Mn(CN)_6$, das Analogon des Blutlaugensalzes, tiefblau, in Lösung gelblich[1])! Die höheren Oxyde Mn_2O_3, Mn_3O_4, MnO_2 und ihre allmählich unter Abgabe von Chlor zu $MnCl_2$ zerfallenden Lösungen in konz. HCl sind braun bis schwarz. Von Mn_3O_4 sind keine, von Mn_2O_3 kaum Salze bekannt. MnO_2 bildet als Säure-Anhydrid Manganite. Nicht reduzierende starke Säuren (H_2SO_4, dil. HNO_3) lösen aus Mn_2O_3 die Hälfte, aus Mn_3O_4 $^2/_3$ des Mn als Manganosalz unter Hinterlassung von MnO_2(∼ Pb). Man faßt sie darum auf als Mangano-meta- und ∼-ortho-manganit, $Mn(MnO_3)$ und $Mn_2(MnO_4)$. Die intensiv grünen Manganate, z. B. K_2MnO_4, sind formal vergleichbar Chromaten und Sulfaten, die tiefvioletten Permanganate (mit Mn^7) den Perchloraten, unterscheiden sich von ihnen aber durch stark oxydierende und farbige Eigenschaften, die erinnern an Überchromsäuren [2]).

Mn''-Salz entsteht aus allen Vbdgg. höherer Wertigkeit durch Reduktion in saurer Lösung, z. B. a) aus MnO_2 mit konz. HCl, H_2SO_4, wobei Cl_2 bzw. O_2 entstehen; mit SO_2 (vgl. S. 113) mit H_2O_2 (vgl. S. 83), mit Nitrit, Oxalat u. ä. org. Stoffen in HNO_3 oder H_2SO_4-Lösung, wobei jene zu CO_2 oxydiert werden; b) überall, wo $KMnO_4$ [3]) in saurer Lösung oxydierend wirkt (vgl. unten); c) MnO durch Erhitzen der Oxyde im H_2-Strom. — **Mn_2O_3** entsteht beim Glühen von MnO_2 unter O-Abgabe (sekundär entsteht Mn_3O_4[4]), ferner

[1]) Wie andere starke Basenbildner bildet Mn'' wenige und unbeständige komplexe Ionen (vgl. S. 78). K-Mn''-cyanid zersetzt sich leicht durch viel H_2O beim Kochen und durch H_2S.

[2]) Vgl. den konstitutionellen Unterschied zwischen $O_3CrO—OH$ als echter Persäure (S. 80 unten) und O_3MnOH.

[3]) Das ebenso wirkende K_2MnO_4 kommt praktisch kaum in Betracht.

[4]) In der Natur als Hausmannit-Mineral.

bei Hydrolyse von **$Mn^{\cdot\cdot\cdot}$-Salzen**, die kirschrot sind [1]). Diese entstehen bei saurer Oxydation von $Mn^{\cdot\cdot}$ und Ausschaltung hydrolysierender Einflüsse, z. B. aus $MnSO_4$ mit konz. H_3PO_4 und etwas HNO_3 [2]); auch in der violetten Borax- und P-Salz-Oxydationsperle. Auch Mn-Alaune sind bekannt. — **Mn_3O_4** bildet sich als Endprodukt, wenn Mn-Vbdgg. an der Luft geglüht werden, die frei sind von feuerbeständigen Basen oder Säuren. — Hydrate von **MnO_2**, ev. dessen Salze (Manganite) entstehen 1) o x y d a t i v aus Mn^2-Salz, a) in alkalischer oder Acetat-Lösg. (z. B. mit Br) [3]); b) bei Glühen von Mn^2-Salz oxydierender Säure (z. B. Nitrat), bei Kochen mit Nitrit (schon in neutraler Lösg.), bei Kochen mit $KClO_3$ in HNO_3-Lösg. — 2) r e d u k t i v aus Manganat u. Permanganat, a) mit neutralen oder alkalischen Reduktionsmitteln [4]), b) mit Mn^2-Salz in nicht reduzierend saurer Lösg. (d. h. Abwesenheit von Cl') $3\,MnSO_4 + 2\,KMnO_4 + 2\,H_2O \rightarrow 5\,MnO_2 + K_2SO_4 + 2\,H_2SO_4$. — 3) durch D i s p r o p o r t i o n i e r u n g a) von Manganat (neben Permanganat) schematisch $6MnO_3 \rightarrow 2Mn_2O_7 + 2\,MnO_2$ (S. 41); b) bei Glühen von Permanganat (neben Manganat) $2\,KMnO_4 \rightarrow K_2MnO_4 + MnO_2 + O_2$. — **Manganat** a) durch alkalische Oxydations-Schmelze aller Mn-Verbindungen, b) durch Glühen von Permanganat ($2\,KMnO_4 \rightarrow K_2MnO_4 + MnO_2 + O_2$), c) aus $KMnO_4$ mit überschüssiger starker Lauge ($2\,KMnO_4 + 2\,KOH \rightarrow 2\,K_2MnO_4 + O + H_2O$). **Permanganat** durch Disproportionierung von Manganat (vgl. oben 3) oder durch saure Oxydation von $Mn^{\cdot\cdot}$-Vbdgg. (S. 41). Beim Erhitzen im H_2-Strom werden Mn-Vbdgg. nur zu MnO, nicht zu Metall reduziert (diff. Ni, Co, Fe). — Wichtig sind vor allem die R'en der **Mangano-Vbdgg.**, weil alle andern — MnO_2 und Permanganate kommen fast allein noch in Betracht — in der Analyse durch die

[1]) Komplexbildung mit Nitrit und Oxalsäure vgl. S. 101, mit $KBrO_3$ kalte n-HCl nur ZnS herauslöst. — Wichtig!

[2]) Saure Oxydation von $Mn^{\cdot\cdot}$ zu $HMnO_4$ vgl. S. 41.

[3]) Aus ev. dabei entstehenden Manganiten (Weldon-Prozeß) kann nebenher etwas Permanganat entstehen (nicht so mit $H_2O_2 + KOH$). Geeignete Bedingungen können dies zur Hauptreaktion machen.

[4]) In erster Phase $2\,KMnO_4 + 2\,KOH \rightarrow 2\,K_2MnO_4 + O + H_2O$, bei Gegenwart von O_2-Akzeptoren, wie Alkohol, weiter: $2\,KMnO_4 + 2\,KOH + 6\,C_2H_6O \rightarrow 2\,(K_2O \cdot MnO_2) + 7\,H_2O + 6\,C_2O_4O$ (Acetaldehyd).

Lösungs-HCl übergeführt werden in $MnCl_2$. — Von den neutral reagierenden Mn$^{\cdot\cdot}$-Salzen sind die der starken Säuren durch Luft nicht oxydabel. Je mehr aber die Stärke der Basis die der Säure überwiegt und daher die Hydrolysierbarkeit wächst, um so oxydabler sind die Verbindungen (z. B. OH, CN, S, CO_3, Acetat-Vbdg.) besonders in feuchtem, viel weniger in trockenem, „gealtertem Zustand" ($MnCO_3$ und MnS als Mineralien).

Für das in üblicher Weise fällbare weiße $Mn(OH)_2$ ist schnelles Braunwerden [1]) besonders charakteristisch (~ Fe, Co; diff. Ni, Pb), NH_4-Salze beeinflussen die Fällbarkeit (auch durch Carbonate) wie bei Mg. Indeß muß der NH_4Cl-Überschuß sehr beträchtlich sein, um die $Mn(OH)_2$-Fällung ganz zu hindern, und allmählich fallen trotzdem infolge von Oxydation höhere Oxydhydrate. Das schwerer lösliche und schwerer oxydable Carbonat wird durch $(NH_4)_2CO_3$ trotz Gegenwart von (nicht allzu viel) Ammoniumchlorid gefällt (diff. Mg und Zn). Mn-acetat (oder Mn-Salze + Na-acetat) ist auch in heißer dil. Lösung so wenig hydrolysiert, daß die 3-wertigen Fe, Al und Cr von Mn (und Zn) durch Kochen der dil. Acetatlösung getrennt werden können (II, 99). — NH_4MnPO_4 schwach rosa [bisweilen farblos (!?)], gleicht in allem der entspr. Mg-Vbdg. Jedoch wird es in seiner primären Fällungsform leicht durch Oxydation braun. Mn-oxalat nicht lösl. in E. S., wie Mg-oxalat gern übersättigte Lösungen bildend entsteht daher zögernd durch Fällung. — MnS ist genügend löslich, daß es durch H_2S aus Lösungen starker Salze nicht gefällt wird, außer etwas bei reichlichem Zusatz von Na-acetat, und natürlich durch Alkalisulfide. Der N. ist fleischfarbig und wird an der Luft mißfarbig braun, wobei sich sowohl S wie Mn oxydieren zu $MnO_2 \cdot aq$ + S und zu $MnSO_4$. Unter bestimmten Fällungsbedingungen erhält man ein dichteres, grünes, weniger lösliches und oxydables Mangansulfid.

Mangandioxyd. Bildung und Löslichkeit vgl. oben. Es ähnelt äußerlich und im Verhalten dem PbO_2, oxydiert aber

[1]) Dabei entstehen Mn^3- und schließlich Mn^4-Hydroxyde.

weniger als dieses (S. 62). Unterscheidung beider mit SO_2 (S. 113 unten). **Manganate** entstehen in Form schwarzgrüner (bei Spuren Mn hellblaugrüner) Schmelzen, wenn Mn-Vbdgg. aller Art stark erhitzt werden mit reichlichem Überschuß stark basischer Stoffe (Ätzalkalien oder Carbonate, CaO) und einem Oxydationsmittel [Nitrate, Chlorate, Superoxyde [1]), auch schon durch Luft-Sauerstoff]. Die tief dunkelgrüne Lösung in H_2O verfärbt sich allmählich: es entsteht violettes **Permanganat** und Flocken von $Mn(OH)_4$ (Chamäleon minerale). Da dabei KOH frei wird [2]), das unter geeigneten Bedingungen $KMnO_4$ wieder in grünes Manganat verwandelt (vgl. oben), so wird jene „Disproportionierung" um so langsamer erfolgen, je größer der Alkaliüberschuß von Anfang an war, oder bei fortschreitender R. wird, während Säurezusatz (schon Luft-CO_2) ihn beschleunigt. [Die mit Säure behandelte Lösung pflegt erst goldrot zu werden, weil $Mn(OH)_4$ kolloidal gelöst bleibt. Erst wenn man es mit den üblichen Mitteln ausflockt, erscheint das richtige Violett.] Durch Einleiten von Chlor wird das ganze Manganat in Permanganat verwandelt: $K_2MnO_4 + Cl \rightarrow KMnO_4 + KCl$. Von $HMnO_4$ violett gefärbte Flüssigkeit entsteht, wenn man Spuren von $Mn^{\cdot\cdot}$-Verbindungen bei Abwesenheit reduzierender Stoffe mit höheren Oxyden von Pb [3]) (oder Bi) und nicht reduzierender Säure (HNO_3 oder H_2SO_4) erhitzt [4]). MnO_2 gibt die R. nicht. Das aus dem schwerlöslichen $Ba(MnO_4)_2$ mit konz. H_2SO_4 als Öl erhältliche Mn_2O_7 ist explosiv. Die Farbe der Salze in Lösung ist höchst intensiv violett, in fester Form fast schwarz und von metallischem Glanz. — Manganate und Permanganate zeigen wenig charakteristische Fällungsreaktionen. Um so

---

[1]) Wo im folgenden von alkalischer Oxydationsschmelze die Rede ist, ist immer eine solche Reagensmischung gemeint.

[2]) Werden x Atome Mn^4 und y Atome Mn^7 gebildet, so müssen x + y Atome Mn^6 „disproportioniert" werden. Es gilt also die Gleichung $6x + 6y = 4x + 7y$, oder $y = 2x$ oder es müssen doppelt so viel Mn^7- wie Mn^4-Atome entstehen: $3 K_2MnO_4 + 4 H_2O \rightarrow 2 KMnO_4 + Mn(OH)_4 + 4 KOH$.

[3]) Pb_3O_4 besser als PbO_2, das selbst oft Spuren Mn enthält.

[4]) $2 MnSO_4 + 5 PbO_2 + 6 HNO_3 \rightarrow 2 HMnO_4 + 2 PbSO_4 + 3 Pb(NO_3)_2 + 2 H_2O$. Gleichzeitig entwickeln sich infolge einer Nebenreaktion Gasblasen (Sauerstoff?).

größer ist die Wichtigkeit der P'e als Oxydationsmittel, besonders für die Maßanalyse. Die R'en lassen sich leicht formulieren unter Zugrundelegung der Schemata Mn_2O_7 (= 2 $KMnO_4$) in saurer Lösung → 2 MnO + 5 O [1]); in neutraler oder alkalischer Lösung → 2 MnO_2 + 3 O. (Intermediär entsteht hierbei Manganat.) Da aus HCl schon in etwas konzentrierteren Lösungen Cl frei werden würde, so arbeitet man stets in H_2SO_4- oder HNO_3-Lösung [2]). Ist der Säureüberschuß ungenügend, so scheidet sich MnO_2 aus. Von den zahllosen so durch $KMnO_4$ oxydierbaren Stoffen seien nur genannt $Fe^{\cdot\cdot}$-Salze, SO_2, Nitrit, Jodide (zu Jod) [3]), Sulfide (zu S), Oxalate (zu CO_2) u. ä. organische Stoffe, wie Alkohol (zu Aldehyd und Essigsäure), Papier, menschliche Haut. H_2O_2 wird „oxydiert" zu $H_2O + O_2$! (vgl. S. 81, A. 1). — Permanganat und Soda zum Nachweis ungesättigter organischer Verbindungen, die mehrfache Bindungen enthalten, wird durch sie sofort unter MnO_2-Bildung entfärbt (Baeyersches Reagens).

Kobalt und Nickel. Verbindungstypen S. 30. Beide Metalle „rosten" nicht, oxydieren sich langsam beim Glühen (Ni schwerer) und lösen sich in oxydierenden Säuren, schwer in HCl. Die Salze reagieren gegen Lakmus (nicht Dimazo) sauer (~ Zn). Chlorid und Sulfat lassen sich aber durch Erhitzen entwässern ohne Zersetzung [4]), wobei sie indes ihre Farbe ändern. Abgesehen von den braunen bis schwarzen O- und S-Vbdgg. [5]) und von manchen Komplex-Vbdgg. sind die Ni-Salze grün, nach dem Entwässern schwachgelb; Co-Salze rot [6]) (Cl', SO_4'', NO_3', CO_3'') oder blau (Silikat, Borat, Aluminat, Stannat) oder violett (PO_4''') oder grün (Zinkat, Chromit). Im richtigen Verhältnis gemischte Co + Ni-Lösungen sind

---

[1]) Ausnahme: Oxydiert man $Mn^{\cdot\cdot}$-Salz mit $KMnO_4$ in HNO_3-Lösg., so geht alles Mn in Braunstein über (vgl. S. 39, 2 b).

[2]) Unter bestimmten Bedingungen kann bei Phosphatzusatz mit $KMnO_4$ auch in Salzsäurelösung titriert werden.

[3]) In alkalischer Lösg. oxydiert $KMnO_4$ Jodid zu Jodat (S. 96), Chromit zu Chromat.

[4]) Vgl. dagegen S. 20: Hydrolytische Zersetzung von neutral reagierendem $MgCl_2$ beim Eindampfen!

[5]) Auch das Co-chromat ist dunkelbraun.

[6]) Die trockenen Oxalate sind bei Ni blaßgrün, bei Co blaßrosenrot, die frisch gefällten N'e fast weiß.

völlig farblos. Beim Entwässern wird $CoSO_4$ blaßrosa, Nitrat blau. Kräftig blau sind Co-Chlorid [1]) und besonders Rhodanid [2]) in undissoziierter Form [sehr konz. Lösg., gleichionige Zusätze [3]), Alkohol Zusatz]. Beim Verdünnen schwindet die blaue Farbe. Ni zeigt kein ähnliches Verhalten [4]).

OH-haltige Lösungen fällen je nach Temperatur und Konzentration Hydroxyde oder basische Salze, aus Ni-Salzen grün, aus Co-Salzen rosa [$Co(OH)_2$] oder blau (basisches S.). Die N'e lösen sich in Säuren, in NH_4-Salz (vgl. Mg, Mn, Zn), NH_3 (S. 12 unten) und in KCN (vgl. S. 90 u. 92 ff.) [5]).

Die 2 letztgenannten Co-Lösungen oxydieren sich bald unter Farbänderung und sind dann beständig gegen Laugen (S. 93). Das Blau der Ni-NH_3-Lösung schlägt durch KCN-Zusatz in Gelb um (die entspr. Cu-Lösung wird farblos). $Co(OH)_2$ oxydiert sich (~ Fe, Mn; diff. Ni) „spontan" zu $Co(OH)_3$, das auch aus Co-Salz mit Alkali und Brom oder H_2O_2 entsteht als in KCN schwerlöslicher schwarzbrauner N. Aus Ni-Salzen entsteht auf gleiche Weise (nicht mit H_2O_2 und nicht durch Autoxydation). neben Vbdgg. noch höherer Wertigkeit $Ni(OH)_3$ als schwarzbrauner, in KCN unlöslicher N.; das zugehörige Oxyd auch durch Glühen des Nitrats. – Glüht man Co- und Ni-Vbdgg., die glühbeständige und reduzierende Bestandteile nicht enthalten, an der Luft, so entstehen Co_3O_4 („Zwischen-Oxyd") bzw. NiO (Ni_3O_4 ist nicht auf einfache Weise erhältlich). Beim Glühen im H-Strom hinterbleiben die Metalle in „pyrophorischer" Form (~ Fe). Die höheren Oxyde von Co und Ni gleichen denen des Mn und haben Superoxyd-Charakter, entwickeln mit HCl. schnell beim Erwärmen. Chlor. und zersetzen H_2O_2 und NaOCl katalytisch. Salze von Ni^3 sind nicht, solche von Co^3 nur als Komplex-

[1]) Die beim Eindampfen salzsaurer Co-Lösungen auftretende blaue, bei Verdünnen in Blaßrot übergehende Farbe ist sehr charakteristisch. Sind gleichzeitig Fe-Salze zugegen, so sieht der Rückstand grün aus.

[2]) Co-rhodan-blau — nach Hantzsch autokomplexes $Co[Co(CNS)_4]$ — verschwindet durch OH' und durch Oxalat, nicht durch Säure, oder wie $Fe(CNS)_3$ durch Fluoride oder Phosphate.

[3]) $HgCl_2$ wirkt nicht als solcher (S. 88).

[4]) Wohl aber (gegenüber Cl') Kupfer u. Eisen.

[5]) $Co(OH)_2$ löst sich etwas in konz. Lauge. (~ Cu, Fe^3; diff. Ni) besonders bei Glycerinzusatz; die tiefblaue Farbe wird an der Luft allmählich grün durch Oxydation.

salze bekannt. Diese sind beständiger als die Co^2-Komplexe (diff. Fe, vgl. S. 92 unten). Co^2-Komplexe (kationische wie anionische) gehen spontan in Co^3-Komplexe über [1]). Alkalicarbonate fällen grünes (Ni) bzw. bei Co rotes, beim Kochen unter CO_2-Abgabe blau werdendes, neutrales oder basisches Carbonat; in S., NH_3, NH_4-Salz (auch in NH_4-Carbonat) löslich. Mit Oxalaten geben Ni-Salze eine stark grüne Lösung (Komplexbildung), Co-Salze werden gefällt (vgl. oben).

Aus den Lösungen „starker" Salze von Co u. Ni wird durch H_2S fast nichts gefällt. Die schwarzen Sulfide entstehen erst mit Alkalisulfiden oder bei Zusatz von sehr viel Alkaliacetat. Man sollte danach erwarten, daß sie in den „Mineralsäuren" leicht löslich seien (leichter als ZnS). Tatsächlich lösen sie sich zwar leicht in den oxydierenden (Königswasser und heiße HNO_3; NiS leichter als CoS), in kalter $\frac{n}{1}$ HCl aber so wenig, daß sie dadurch qualitativ trennbar sind vom Rest der $(NH_4)_2S$-Gruppe (S. 47, A. 1!!!). NiS kolloidal etwas in $(NH_4)_2S_5$ löslich, wird aus diesen Lösungen ausgeflockt durch Erhitzen, Zusatz von NH_4Cl oder Spuren Säure (II, 105). — Über das analytisch wichtige verschiedene Verhalten der Komplexcyanide von Co und Ni vgl. S. 93. — Schwer löslich auch in heißer E. S. ist das gelbe Kalium-Kobalti-nitrit $K_3[Co(NO_2)_6]$, das sich beim Erwärmen des Gemisches der Komponenten (K-Salz, Nitrit, Co-Salz, Essigsäure) neben NO bildet. Erhöhung der Empfindlichkeit durch Zusatz von $AgNO_3$, wobei sich gelbes noch schwerer lösliches K-Ag-[Co-nitrit] ausscheidet [2]). In alkoholisch ammoniakalischer Lösung gibt überschüssiges Dimethylglyoxim schon mit Spuren von $Ni^{··}$ einen himbeerfarbigen N. Die zu prüfende Flüssigkeit muß aber frei sein von Fe^2-Salzen, da diese ähnliche Färbung erzeugen. Co gibt blaue Perlen, Ni in der Reduktionsflamme eine durch Metall grau gefärbte, in der

---

[1]) K-Co^2-Cyanid vermag sogar zu diesem Zweck, H_2O zersetzend, H_2 frei zu machen!! (S. 93 oben.)

[2]) Ni-Salze geben nur in sehr konz. Lösungen derartige braunrote, in Gegenwart alkalischer Erden gelbe Fällungen, die aber viel leichter löslich sind schon in kochendem H_2O.

Oxyd.-Flamme braune Boraxperle. Über Co-aluminat und ~ zinkat vgl. S. 28 unten und 47.

Zink. – ZnX_2 Zinksalze – M_2ZnO_2 Zinkate. Das Hydroxyd $Zn(OH)_2$ ist amphoter. Fast alle Zn-Vbdgg. lösen sich wie auch das Metall selbst (dieses unter H_2-Entwicklung) in starken Säuren wie Laugen, unter Komplexbildung auch in NH_3 (vgl. Cu S. 49). Löslichkeit in NH_4-Salzen ähnlich wie bei Mg (S. 21). Das weiße (!) Sulfid ist aus neutraler, schwach saurer, alkalischer und ammoniakalischer Lösung fällbar. Wegen seiner ziemlich leichten Löslichkeit in „Mineralsäuren", sehr geringer dagegen in Essigsäure, bildet Zink die Grenze zwischen H_2S- und $(NH_4)_2S$-Gruppe. Zn-Salze reagieren zwar Lakmus, nicht aber unempfindlicheren H-Indikatoren (Dimazo u. ä.) gegenüber sauer. Farbige Zn-Vbdgg. verdanken diese Eigenschaft nicht dem Zn. Das Metall ist etwas unterhalb 1000° in der Luftleere unverändert flüchtig, daher leicht Verunreinigung ausgesetzt durch andere flüchtige Begleiter der Erze (Cd und As) [1]. An Luft verbrennt es bei kräftigem Erhitzen (z. B. mit dem Lötrohr oder Hineinstreuen von Zn-Staub in die Flamme) zu nicht flüchtigem, in der Hitze zitrongelbem Oxyd, das auch bei Erhitzen des Hydroxyds, Carbonats, Nitrats und organisch saurer Salze entsteht. Auch wasserhaltige Zn-Salze anderer, stärkerer, aber flüchtiger Säuren verlieren diese allmählich beim Glühen durch fortschreitende Hydrolyse. Besonders als Zinkstaub wirkt das Metall in saurer, alkalischer und auch neutraler (besonders NH_4Cl-haltiger) Lösung stark reduzierend. $KMnO_4$-Lösung wird schon beim Schütteln damit entfärbt, Chlorate in Chloride verwandelt usw. Es zersetzt nämlich Wasser, deutlich in feiner Verteilung und bei längerem Kochen [2]. Diese Zersetzung wird befördert durch Stoffe, die die entstehenden R.-Produkte, z. B. $Zn(OH)_2$ weiter verändern, wie Säure, Lauge, NH_4-Salz und NH_3, oder durch Oxydationsmittel, wie KNO_3 oder $KClO_3$, die den entstehenden Wasserstoff binden, schließlich durch weniger unedle Metalle oder deren Salze

[1]) Wichtigkeit der Abwesenheit von As vgl. S. 75, Akg. 3.

[2]) Als Nebenprodukt kann H_2O_2 auftreten: $Zn + 2\,HOH + O_2 \rightarrow Zn(OH)_2 + H_2O_2$ (S. 82, Akg. 2).

(Fe-Pulver, $CuSO_4$, $AgNO_3$ u. a.). $HgCl_2$-Zusatz wirkt im Gegenteil verzögernd. Zink ist daher löslich a) in Säuren (auch nicht oxydierenden) und den solche infolge Hydrolyse enthaltenden Salzlösungen edlerer Metalle unter Abscheidung von H_2 oder dem betr. Metall ($Zn + CuSO_4 \rightarrow Cu + ZnSO_4$). Sehr reines Zn reagiert mit Säure sehr langsam („Polarisation" durch Wasserstoffbläschen). b) Mit oxydierenden Säuren (HNO_3, konz. H_2SO_4) entstehen deren Reduktionsprodukte, d. i. je nach der Konzentration SO_2, S, H_2S, bzw. Stickoxyde oder NH_3, das natürlich als NH_4NO_3 auftritt. c) Ebenso löst sich das Metall unter H_2-Abgabe in Laugen zu Alkalizinkat [$Zn(OK)_2$]. — $Zn(OH)_2$, in geringer Menge als Kolloid enthalten in den sauer reagierenden Zn-Salz-Lösgg., ist als weißer, gallertartiger N. aus Zn-Salzen durch OH-haltige Lösungen, unvollständig durch NH_4OH fällbar (vgl. Mg S. 21), es entsteht auch aus Zinksalzen mit Zinkaten (vgl. S. 27 oben), schließlich aus den Halogeniden (nur aus diesen) mit aufgeschlämmtem gelbem HgO, weil sich dabei undissoziiertes $HgCl_2$ [1]) bildet. „Gealtertes" $Zn(OH)_2$ oder ZnO, durch Trocknen oder Erhitzen aus dem vorigen entstehend, durch Wasserstoff in der Hitze schwer reduzierbar, löst sich etwas schwerer (vgl. S. 14 oben). Aus der alkalischen Lösung ist das Hydroxyd wieder fällbar durch vorsichtigen Zusatz von Säure oder NH_4Cl [2]), während Überschuß beider wieder löst. Bei Kochen verdünnter, nicht stark alkalischer Zinkatlösung fällt Hydroxyd ($\sim$ Cr) (vgl. S. 26) und löst sich bei Erkalten nicht wieder. Die Hydrolyse der Zinksalze und die Unlöslichkeit des Hydroxyds ist dagegen nicht groß genug, daß bei bloßem Kochen stark verdünnter, schwach saurer Lösungen Fällung einträte. — Löslich sind die Salze der Halogen-, N- und S-haltigen Säuren, mit Ausnahme des Sulfides, Fluorides und Iodates. Lösliche Carbonate fällen wie bei Mg (S. 21) basische Carbonate, quantitativ nur in der Hitze und aus NH_3- und NH_4-Salz- und OH-freien Lösungen [3]).

[1]) Auch $ZnCl_2$ ist schwächer dissoziierbar verglichen mit Sulfat und Nitrat: Ein Brei von ZnO + KCl reagiert daher alkalisch.

[2]) Die Lösung von $Zn(OH)_2$ im Überschuß von NH_3 kann also nicht Ammonzinkat enthalten. Es wirkt dabei nur NH_3, nicht NH_4OH.

[3]) Löslichkeit in Soda-Überschuß, vgl. S. 76, Akg. 3.

Zinkoxalat unl. i. E. S. und NH_4-Salz, l. i. K-Oxalat (S. 77, Akg. 3). — $Zn_3(PO_4)_2$ und NH_4ZnPO_4 (vgl. Mg S. 22) weiße, in Lauge und NH_3 lösliche Salze; in schwacher Säure ist das Doppelsalz unlöslich. Lösliche Cyanide fällen $Zn(CN)_2$ löslich im Überschuß, in Säuren und in NH_3. Das Ferrocyanid $Zn_2Fe(CN)_6$, weiß, unl. auch in mittelstarken Säuren und NH_4-Salzen, auch in NH_3 nicht ganz leicht l., wird durch Laugen zersetzt. [Empfindliche Probe auf Zn (~ Cu).] Zinkferricyanid, gelbrot, ist im Gegensatz dazu in HCl, NH_3 und NH_4-Salz löslich (vgl. Ag). Lösliche Sulfide fällen anfangs schleimiges, schlecht filtrierbares ZnS, das ähnlich wie Co- und Ni-sulfid „altert" und erst beim Erhitzen, längerem Einleiten von H_2S und Zusatz von Salzen sich in eine andere dichtere Form verwandelt und dann praktisch unlöslich in schwachen Säuren, Lauge, NH_3 und NH_4-Salz ist [1]). Fällt man Zinksalz in nicht sehr großer Verdünnung mit H_2S, d. h. „in saurer Lösung", so ist die Fällung nur bei Salzen schwacher Säuren (z. B. Acetat) vollständig. Bei „starken Salzen" dagegen entstehen je nach Konzentration und Temperatur infolge Umkehrbarkeit der R. Gleichgewichte. Je verdünnter, um so mehr fällt aus. Quantitative Fällung bei Zusatz von Acetaten, Citraten, Rhodaniden. Zum Teil wirken diese säureabstumpfend, zum Teil nur aussalzend. In sehr viel NH_4-Salz ist ZnS nicht ganz unlöslich. Zinkatlösungen [2]) werden durch alle löslichen Sulfide [H_2S, K_2S, $(NH_4)_2S$] gefällt als ZnS [diff. Al vgl. S. 26, A. 3]. Kobaltzinkat, Rinmanns Grün, grüner Zinnober, ZnO · CoO entsteht als intensiv grüne Asche, wenn man mit Co- und Zink-Salzlösung getränktes Papier verbrennt. Es wird durch starke Säuren, nicht durch Laugen zersetzt. In Lösungen als N. läßt es sich nicht erhalten. Von schwer löslichen Salzen können noch genannt werden das Arsenit und das als Malerfarbe verwandte zitron-

---

[1]) Bei Co- u. Ni-Sulfid (in primärer Fällungsform leichter l. als ZnS — daher in Gegensatz zu diesem aus Lösgg. starker Salze nicht mit H_2S fällbar) nimmt die Unlöslichkeit durch „Altern" so viel schneller zu als bei ZnS, daß aus dem gemeinsamen $(NH_4)_2S$-N schon nach kurzer Zeit kalte n-HCl nur ZnS herauslöst. — Wichtig!!

[2]) Aus schwach alkalischen Lösgg. gefälltes ZnS kann sich in H_2S-Überschuß wieder lösen [$\rightarrow Zn(SH)_2$] entsteht aber wieder mit mehr NaOH (vgl. II, 98, Akg. 5).

gelbe Chromat, beide l. in NH_3 und in E. S., schließlich Borat und Silikat (Kieselzinkerz).

Kadmium. — CdX_2 Kadmiumsalze. Das leicht schmelzbare, weißsilbrige Cd-Metall ist verbrennbar zu braunem Rauch von CdO. Bei Luftabschluß ist es wie Zn, Hg und As relativ leicht flüchtig [1]). Es löst sich, wenn auch nicht so leicht wie Zn, aber schon in nicht oxydierenden Säuren, sogar Essigsäure. (Wasser zersetzt es bei Rotglühhitze.) Es ist kein farbgebendes Element (vgl. jedoch weißes ZnS und gelbes CdS!). Die größtenteils löslichen Salze reagieren durch Hydrolyse sauer (nicht gegen Dimazo), die unlöslichen lösen sich leicht in Säuren; mit wenigen Ausnahmen auch in NH_3 und in NH_4-Salzen und in sehr konz. Lösungen von Halogeniden (S. 85). — OH-haltige Lösungen fällen weißes, in dil. Laugen unlösliches $Cd(OH)_2$ [2]), das an der Luft CO_2 anzieht (!) und sich erst bei langem Kochen in schwarzbraunes CdO verwandelt (diff. Cu). Das Oxyd ist wie ZnO nicht flüchtig (diff. Hg). — Lösliche Carbonate fällen weißes neutrales (!) $CdCO_3$ ($\sim$ $Fe^{\cdot\cdot}$, Mn, alkalische Erden), bemerkenswert beständig noch bei 300°, unlöslich in Ammoncarbonat (diff. Zn, Cu, analog Mn vgl. S. 40). — H_2S und lösliche Sulfide fällen auch aus NH_3 oder etwas freie Säure oder KCN (vgl. unten) enthaltenden Lösungen CdS, dessen Farbe je nach den Bedingungen der Fällung (Konzentration, Temperatur, Acidität) von Hellgelb bis Dunkelorange wechselt, und das auch in nichtoxydierenden stärkeren Säuren leicht löslich ist (vgl. S. 85). — Aus etwas stärker sauren Cd-Salzlösungen fällt zuerst braunes Sulfosalz. — Lösliche Cyanide fällen weißes $Cd(CN)_2$, im Überschuß löslich (Verhalten gegen H_2S und andere Fällungsmittel (vgl. S. 79, A. 1). — Rhodanide und Chromate fällen nicht (diff. Cu). Cd-Phosphat und -oxalat in Säuren und NH_3 löslich; Cd-ferrocyanid, in NH_3 schwer. Alle 3 farblos. Cd-NH_3-perchlorat betr. vgl. S. 97, A. 4!! — Perle und „Flamme" sind farblos. Geringere Dissoziation von Cd-Halogeniden (S. 85).

---

[1]) Die betr. Temp.'en sind für Zn 920°, Cd 780°, As 450°, Hg 357°.
[2]) Erst in sehr konz. Lösgn. (50 % u. mehr) l. (C 1941, II, 2663).

Kupfer. – CuX, Cuprosalze; CuX_2 Cuprisalze. Komplexe Cupro-Vbdgg. $M[CuX_2]$. – Das rote Metall[1]) löst sich nur in oxydierenden Säuren, wird aber bei Luftzutritt schon „angegriffen" durch nichtoxydierende, sogar schwache organische S.[2]) und durch NH_3 [$\rightarrow Cu(NH_3)_4(OH)_2$]. Es ist auch in der Gebläseflamme schwer schmelzbar und bedeckt sich beim Glühen an der Luft mit schwarzem, abblätterndem CuO (Kupfer-Hammerschlag). CuO, beständig gegen hohe Temperatur, verliert erst durch reduzierende Mittel Sauerstoff (Elementar-Analyse). $Cu^{\cdot\cdot}$-Salze oxydieren in saurer Lösung Jodide, Cyanide und Rhodanide; in alkalischer (Herstellung s. unten), nicht in ammoniakalischer, As^{3}, organische Stoffe, wie Traubenzucker u. ä.; Cu-Vbdgg. erster Ordnung[3]) sind ziemlich beständig in der Cuproform (diff. Hg), $Cu^{\cdot}$-Salze der Sauerstoffsäuren dagegen wenig bekannt[4]). Von den $Cu^{\cdot}$-Vbdgg. ist die Mehrzahl farblos (Cu_2O rot, CuOH gelb, Cu_2S schwarz). Um so allgemeiner gefärbt, meist blau oder grün, sind die $Cu^{\cdot\cdot}$-Vbdgg. (Oxyd und Sulfid schwarz, Ferrocyanid rot, Chromat braun). Durch Verlust ihres Kristallwassers können sie aber die Farbe verlieren (Sulfat). $CuCl_2$ ist gelbbraun, $CuCl_2 \cdot aq$ grün. Die $Cu^{\cdot}$-Vbdgg. sind unlöslich in H_2O. Oxyd und Sulfid kommen in der Natur vor. CuCl farblos; farblos l. in NH_3 und in konz. Chloridlösungen (z. B. HCl) lichtempfindlich (∼ Ag), als Lösung zur Absorption von CO und O gebraucht. Aus der Lösung in HCl ist es durch H_2O unverändert fällbar (∼ Ag). Infolge der leichten Oxydierbarkeit – CuCl spaltet schon mit H_2O teilweise in Cu + $CuCl_2$ (∼ Hg. S. 56 ob.) – hat die Analyse häufiger mit $Cu^{\cdot\cdot}$-Salzen zu tun[5]). Von den $Cu^{\cdot}$ als komplexes Anion enthaltenden Vbdgg. ist von Bedeutung die farblose Lösung von

[1]) 75 % Cu ist in Legierung mit Ni an der Farbe nicht mehr erkennbar, Cu neben 80 % Zn enthaltender „Weißguß" ist dagegen gelb.

[2]) Die Indifferenz von Cu gegen HCl zeigt sich daher erst, wenn die Säure durch Kochen von gelöstem Luftsauerstoff befreit ist.

[3]) Werner nennt so Vbdgg. aus 2 Elementen: Oxyde, Sulfide, Halogenide, außerdem Hydroxyde, Cyanide und Rhodanide. Betr. KOH u. KF_2H vgl. S. 76, A. 2.

[4]) Gelbes unl. $Cu^{\cdot}$-thiosulfat entsteht neben Tetrathionat nach $3\ K_2S_2O_3 + 2\ CuSO_4 \rightarrow Cu_2S_2O_3 + K_2S_4O_6 + K_2SO_4$ (Raschig). Komplex mit $Na_2S_2O_3$ S. 76, A. 6.

[5]) Ausnahme: Cu_2O, Cu_2S, CuJ, CuCN, CuCNS.

CuCN in KCN (vgl. S. 79, A. 1). Von $Cu^{\cdot\cdot}$-Salzen sind löslich die der halogenhaltigen Anionen (exkl. Fluorid, Jodat), Sulfat, Nitrat, Acetat. — Das Chlorid ist weniger dissoziierbar (∼ Zn, Cd, Hg), entsteht daher unter Grünfärbung aus blauen $Cu^{\cdot\cdot}$-Salzlösungen bei reichlichem Zusatz stark dissoziierter Chloride (nicht von $HgCl_2$; vgl. S. 88). Beim Verdünnen färbt sich die Lösung blau, wird aber bei Erhitzen wieder grün. Wasserfreies $CuCl_2$ braungelb, zerfällt bei starkem Glühen in CuCl + Cl, bei Luftzutritt in CuO + Cl_2, bei Gegenwart von H_2O in Cl, HCl und basisches Cuprochlorid. Das relativ leicht flüchtige, $CuCl_2$ färbt die Flamme grün (Nachweis des Chlors vgl. S. 87 unten). — Im Gegensatz zu Ag und den Alkalien ist die Basizität des im P. S. zwischen ihnen stehenden [1]) $Cu(OH)_2$ hinreichend klein, daß alle löslichen Cu-Salze sauer reagieren. — OH-haltige Lösungen fällen je nach Konzentration grünblaue basische Salze oder blaues Hydroxyd, bei Kochhitze (katalysiert durch OH-Überschuß) gespalten in CuO und H_2O. Konz. Lauge löst $Cu(OH)_2$ etwas (∼ Co) mit dunkelblauer Farbe. Wiederfällung beim Verdünnen.

Dunkelblaue, $Cu^{\cdot\cdot}$-komplex-anionisch enthaltende Lösungen entstehen aus $Cu^{\cdot\cdot}$-Salz, KOH-Überschuß und oxydablen Stoffen wie Arsenit (S. 51 unten), Traubenzucker, Tartraten, Glycerin u. ä. org. Stoffen. Unter Disproportionierung des Komplex-Ions oxydieren sich die genannten Zusatzstoffe unter Cu_2O-Abscheidung verschieden schnell: schon bei Kochhitze Cu-As^3- und Cu-Zucker-Komplex (Trommersche Probe); die alkalische Cu-tartrat- (bzw. -Glycerin-) oder Fehling-Lösg. so langsam, daß ihre siedende Lösg. erst bei Gegenwart von Zucker Cu_2O abscheidet, und so zur Zuckerbestimmung dienen kann. — Die ebenfalls dunkelblaue Lösung in NH_3 löst Zellulose (Schweizers Reagens). Das Verhalten des Hydroxydes gegen NH_4-Salz ähnelt dem der Zn- und Mg-Salze. Lösliche Sulfide — auch freies H_2S — fällen blauschwarze N'e von schwankender Zusammensetzung [2]), unlöslich in NH_3 und

[1]) In der in den meisten Lehrbüchern wiedergegebenen alten Form.
[2]) CuS als dunkelblaues Mineral (Kupferindig.).

in heißer $\frac{3n}{1}$ H_2SO_4, löslich in $\frac{3n}{1}$ HNO_3, nicht unlöslich in KCN und in $(NH_4)_2S_5$ [1]) (weniger bei reichlichem Zusatz von NH_4Cl). Durch Säure fällt es aus dieser Lösung als roter, den Sb-sulfiden ähnlicher N. Das feuchte Sulfid bildet an der Luft ziemlich schnell etwas Sulfat. Im Gemenge mit Schwefel bildet es beim Glühen im H_2- oder CO_2-Strom Cu_2S. Lösliche Jodide fällen sofort CuJ, dessen weiße Farbe sichtbar wird, wenn das gleichzeitig gebildete freie Jod z. B. durch SO_2 zu HJ reduziert wird. CuJ l. in konz. Jodidlösungen, kaum in NH_3, unl. in dil. Säuren (~ Ag). – Lösliche Cyanide fällen nußbraune N'e, die beim Kochen unter Abgabe von Cyangas schnell in weißes CuCN übergehen und durch KCN-Überschuß sofort zu farblosem $KCu(CN)_2$ unter Freiwerden von Cyan gelöst werden. Dieselbe Vbdg. entsteht auch aus der blauen Cu-NH_3-Lösung mit KCN unter Entfärbung. Bei KCN-Überschuß wird die Lösung durch Sulfide nicht zersetzt (diff. Cd). Umgekehrt löst sich CuS in konz. KCN-Lösung auf. – Auch das durch Rhodan-Ion (nicht durch Ferri-Rhodanid) gefällte schwarze $Cu(CNS)_2$ geht, besonders schnell beim Erwärmen oder Zusatz von SO_2, über in weißes CuCNS: [$2\,Cu(CNS)_2 + SO_2 + 2\,H_2O \rightarrow H_2SO_4 + 2\,CuCNS + 2\,HCNS$.] Es löst sich in NH_3, nicht in dil. S., durch konz. wird es zersetzt. – Das braunrote $Cu_2Fe(CN)_6$ ist praktisch nicht l. in dil. HCl, wenig in NH_3, und fällt daher mit K_4Cy_6Fe auch aus der blauen Cu-NH_3-Lösung. Besonders in HCl-Lösung sehr empfindliche R.! Auch das gelbgrüne Ferricyanid löst sich wenig in HCl. – Alkali-Carbonate fällen blaues basisches Carbonat, in Soda-Überschuß etwas l. (S. 76, Akg. 3), bei Kochtemp. $\rightarrow CuO + CO_2$. – Scheeles Grün, $CuHAsO_3$, aus $Cu^{\cdot\cdot}$-Salzen mit Arseniten gefällt, löst sich mit tief dunkelblauer Farbe in NH_3; in NaOH zu $Na[CuAsO_3]$ [2]). Beim Erwärmen der alkalischen (nicht der ammoniakalischen) [3]) Lösung Disproportionierung zu Cu_2O

---

[1]) Mit letzterem entstehen kolloide Lösgg., oder (nach B. 40, 977) NH_4-Salze von Cu-sulfosäuren. Das Kupferkies-Mineral soll ein sulfobasisches Salz Cu-S-Fe = S sein.

[2]) Vgl. S. 76, Akg. 2.

[3]) Die Lösg. in NH_3 enthält Cu als kationischen, die in NaOH als anionischen Komplex.

und Arsenat. Da 2 As^3 zur Oxydation zu 2 As^5 vier Wertigkeiten verbrauchen, der Übergang 2 $Cu^{\cdot\cdot}$ → 2 $Cu^{\cdot}$ aber nur 2 liefert, so kann nur die Hälfte des As^3 oxydiert werden:

$$2 NaCuAsO_3 + 2 H_2O \rightarrow Cu_2O + NaH_2AsO_3 + NaH_2AsO_4.$$

Cuprioxalat wird schon durch freie Oxalsäure gefällt, ist demgemäß auch in Säure schwerer löslich, beim Glühen zerfällt es in Cu + CO_2. – Kupfergläser (z. B. die Boraxperle) sind in der Hitze grün, nach Erkalten blau; in der Reduktionsflamme farblos, bzw. rot von ausgeschiedenem Metall.

Quecksilber. – HgX (oder Hg_2X_2) Merkurosalze; HgX_2 Merkurisalze. – Komplexe $Hg^{\cdot\cdot}$-Anionen z. B. mit Halogen $M[HgX_3]$ und $M_2[HgX_4]$. – Als typisches, weit rechts von H in der Sp.-R. stehendes Edelmetall löst sich Hg nur in oxydierenden Säuren (HNO_3; konz. H_2SO_4; Königswasser). Dil. kalte HNO_3 erzeugt $HgNO_3$, konz. heiße $Hg(NO_3)_2$. Viele Hg-Vbdgg. erster Ordnung [1]) sind gefärbt, alle beim Erhitzen leicht flüchtig, wobei sich nicht zersetzen HgS und $Hg(Halog.)_2$, wenig HgCl und HgBr (in HgX_2 + Hg), vollständig Salze der Sauerstoffsäuren, HgJ, HgO und $Hg(CN)_2$ (in Hg + J, O oder CN). $HgCl_2$ verliert seine Flüchtigkeit mit H_2O-Dampf bei Zusatz von genügend NaCl (vgl. S. 77, Akg. 2). Die niedrigere Wertigkeitsstufe ist, wie üblich, auch bei Hg stärker basisch als die höhere. Die H_2O-Lösung beider reagiert sauer (Hydrolyse). Bei Mangel überschüssiger Säure entstehen mit Wasser oft unlösliche gelbe basische Hg-Salze. Den O-basischen vergleichbar sind die sulfo- und aminobasischen, z. B. $HgCl_2 \cdot HgS$ (vgl. S. 54 und II, 72) und $HgCl \cdot NH_2$ (vgl. S. 13). Beim Erhitzen mit Soda geben alle Hg-Vbdgg. an der Reagensglas-Wand graue Tröpfchen von Hg, beim Reiben zu größeren zusammenfließend. $SnCl_2$ reduziert alle Hg-haltigen Lösungen zu Hg, bei $HgCl_2$ entsteht intermediär HgCl. Auch Alkalistannite, SO_2, H_3PO_3, H_3PO_2, $FeSO_4$ und weniger edle Metalle können zur Reduktion dienen. (Oxalat vgl. S. 79.)

M e r k u r i s a l z e. Die Halogenide (incl. Cyanid, excl. Fluorid) zeigen auffällige, auf geringe el. Dissoziation zurück-

---

[1]) Vgl. S. 49, Akg. 3.

zuführende Verschiedenheit von den übrigen Salzen. Sie bilden mit H_2O keine unlöslichen basischen Salze, werden nicht so leicht reduziert, und durch äquivalente Mengen NaOH bei Gegenwart von viel Alkalichlorid unvollständig gefällt (vgl. S. 25, Akg. 5). (Verhalten gegen konz. H_2SO_4, $AgNO_3$ u. ä. vgl. S. 55, Tabelle.) Die H_2O-Lösung von $HgCl_2$ enthält außer dem hauptsächlich vorhandenen ungespaltenen $HgCl_2$ (der Menge nach aufgezählt) noch Cl', $H^{\cdot}$, $HgCl^{\cdot}$, $HgCl_4''$ und minimale Mengen $Hg^{\cdot\cdot}$. $HgCl_2$ verhält sich mehr wie die „Anhydro-Vbdg." einer komplexen Säure („Anhydrochlorid"). (S. 78, Akg. 3.) $Hg(CN)_2$ zeigt ähnliches Verhalten in erhöhtem Maße. Dadurch erklärt sich, daß es von den üblichen $Hg^{\cdot\cdot}$- und CN'-R'en nur die zeigt, die die Ionen-Konzentration noch weiter herabdrücken, bei denen sich z. B. unlöslichste N'e bilden. Mit $Hg^{\cdot\cdot}$-Lösungen z. B. des Chlorids geben Spuren OH-haltiger Lösungen zunächst eine weiße Fällung, die erst bei allmählicher Vermehrung von OH' schmutziggelb bis dunkelbraun, schließlich aber wieder reingelb wird durch HgO. Die farbigen Zwischenstufen entsprechen basischen Salzen. Verhalten gegen NH_3 vgl. S. 14. — In einer dichteren roten, weniger reaktionsfähigen Form entsteht HgO durch dauerndes Erhitzen von Hg an der Luft, oder aus dem Nitrat. (Es wird im Unterschied zum gelben durch Oxalsäure nicht in Oxalat verwandelt.) Bei etwas höherer Temperatur dissoziiert HgO wieder in Hg + O (~ Ag). HgO löst sich nicht merklich in H_2O und ist keine starke Base [1]). Trotzdem macht es andere, selbst starke Basen frei aus Vbdgg. mit Anionen, wenn deren $Hg^{\cdot\cdot}$-Vbdgg. praktisch undissoziiert sind. Es löst sich z. B. in KCN : $HgO + 2\,KCN + H_2O \rightarrow Hg(CN)_2 + 2\,KOH$ [2]). Chloride von Zn und Mg werden durch Abdampfen mit HgO und Wegglühen des HgO-Überschusses als Oxyde quantitativ abge-

[1]) Vgl. aber ihre Verstärkung in Millons Base $NH_3 \cdot H_2O \cdot 2\,HgO$ S. 14.

[2]) Dementsprechend wird $Hg(CN)_2$ durch Kali nicht gefällt, außer in überaus stark konzentr. Lösung. — $Hg(CN)_2$ zum Aufschluß von Sulfiden S. 107, Akg. 2; HgO zum Aufschluß und zur Zerstörung von Cyaniden, auch hochkomplexen und unlöslichen z. B. Berlinerblau [Ausnahme $Co(CN)_6'''$].

schieden! KJ löst HgO [1]), wobei neben KOH Kaliumjodmerkurat ($KHgJ_3$) entsteht (vgl. unten). H_2O_2 wird durch HgO „oxydiert" zu H_2O und O_2 (~ Ag) unter Bildung von Hg. Hg-Salze und NH_3, vgl. S. 14. H_2S fällt zuerst weiße, bald gelb und braun werdende sulfobasische Salze. Das schließlich entstehende neutrale Sulfid ist schwarz, überaus wenig l. in H_2O und daher auch in starken Säuren; unl. in KCN, verändert erst beim Schmelzen mit Soda, nur löslich in Königswasser, in K_2S (vgl. S. 107) und in HJ (vgl. S. 85). Konzentrierte HNO_3 verwandelt es in weißes, durch H_2S wiedergeschwärztes Sulfonitrat. Natürlich vorkommendes HgS (Zinnober) ist rot und entsteht aus schwarzem durch vorsichtiges Erhitzen. Entstehung auf nassem Wege vgl. S. 107. — $HgCl_2$, Sublimat, aus $HgSO_4$ durch Sublimation mit NaCl, 7 % in der Kälte, achtmal so viel in siedeheißem Wasser löslich, reichlich in dil. HCl, auch in Alkohol und Äther. Mit rauchender HCl bildet es unter Erwärmung eine kristallisierte komplexe Säure; mit Chloriden starker Basen n e u t r a l (!) reagierende, mit H_2O-Dampf nicht mehr flüchtige Salze (S. 77, A. 2). $HgBr_2$ ähnelt dem Chlorid in Farblosigkeit, dem Jodid in geringerer Löslichkeit. Lösliche Jodide fällen HgJ_2, im ersten Entstehen gelb, aber sofort ziegelrot werdend. Erhitzt wird es gelb, schmilzt zu einer roten Flüssigkeit und sublimiert wieder in gelben Nadeln. Aus seiner farblosen Lösung in Alkohol scheidet Wasser es anfangs nahezu farblos aus. Löslich auch in schwächeren Säuren und NH_4Cl, merklich auch in kochender NaOH, ebenso im Überschuß von $HgCl_2$ (zu HgClJ) sowie von KJ. Durch heiße H_2SO_4 und HNO_3 gelöst, aber kaum zersetzt. Die Lösung in KJ enthält neutral reagierendes $KHgJ_3$ und K_2HgJ_4 und ist gegen Alkali beständig; bei vorsichtigem Zusatz von Säure oder von $HgCl_2$ dagegen fällt HgJ_2 wieder aus. — Mit NH_3 und mit NH_4-Salzen bleibt die Lösung von $KHgJ_3$ klar, erst bei Zusatz von genügend Lauge (nicht von Soda) entsteht der Neßler-N. (vgl. S. 15 oben). Mit „umgekehrtem Neßler-R." ($KHgJ_3$ + NH_4) kann man daher OH' neben Soda

[1]) Ein aus HgO + KCl + H_2O bereiteter Brei reagiert ebenfalls stark alkalisch: $HgO + 2\,KCl + 2\,HOH \rightleftarrows HgCl_2 + 2\,KOH$. In heißer, sehr konz. Lauge ist HgO nicht ganz unlöslich (C. 1941, II, 2664).

nachweisen. — $Hg(CN)_2$ schwer l. in Äther, leichter in Alkohol und besonders in H_2O mit neutraler (!) R. Wegen seiner verschwindend kleinen Ionisierbarkeit gibt es sowohl von $Hg^{\cdot\cdot}$, wie von CN-Reaktionen nur solche, bei denen sehr unlösliche, undissoziierte oder flüchtige Produkte entstehen[1]). Wird durch H_2S, nicht durch KOH (unter normalen Bedingungen) gefällt; $AgNO_3$ fällt nur aus konz. Lösungen wenig einer Additions-Vbdg. der Komponenten. Jodide und $K_4Fe(CN)_6$ geben ähnliche Addit.-Vbdgg. Durch dil. H_2SO_4 wird es kaum, durch 20 %ige HCl dagegen schon in der Kälte zersetzt. Es wirkt reduzierend, entfärbt z. B. Jod und löst HgO zu Oxycyanid. — $HgCrO_4$ frisch gefällt gelb, wird allmählich, schneller beim Kochen, rot. — Durch Ferrocyanide, nicht durch Ferricyanide werden $Hg^{\cdot\cdot}$-Salze (auch $HgCl_2$) gefällt. — Komplexe Anionen von $Hg^{\cdot\cdot}$ und Nitrit vgl. S. 100.

Reagens:	H_2S	$SnCl_2$	$FeSO_4$	NH_3	KOH	Lakmus	Soda	KJ	Zersetzung durch H_2SO_4	$BaCO_3$; Rhodanide; Oxalsäure, Dichromat; Dihydrophosphat, Bicarbonat
$Hg(NO_3)_2$ oder Sulfat	+	+	+	+	+	sauer	basisches Carbonat	+	+	+
$HgCl_2$	+	+	—	+	+	sauer	basisches Chlorid	+	—[2])	—
$Hg(CN)_2$	+	+	—	—	—	neutral	—	—	kaum	—
$KHgJ_3$	+	—		—	—	neutral	—	—		—

Merkuro-Verbindungen. Sie entstehen bei Reduktion der $Hg^{\cdot\cdot}$-Salze, z. B. mit Hg, oder aus kalter Säure und überschüssigem Metall. Dem Laboratoriums-Reagens $HgNO_3$ gibt man Zusätze von HNO_3 und von Hg, um die Hydrolyse und die Oxydation zu hindern. — Anstatt Sulfid, Cyanid und der NH_3-Komplexe von $Hg^{\cdot}$ erhält man bei Fällungen sofort die entsprechenden, durch feinverteiltes Hg-Metall schwarzen $Hg^{\cdot\cdot}$-Verbindungen[3]). Hg_2O zerfällt sehr leicht in HgO+Hg. Das durch lösliche Chloride gefällte HgCl (Calomel), das auch

[1]) Vgl. Tabelle, ferner S. 90 und B. 62, 1897.
[2]) Sublimiert aus seiner Lösung in konz. H_2SO_4 bei Erhitzen.
[3]) Vgl. das Verhalten der Cu-Vbdgg. S. 50.

beim Erhitzen von $HgCl_2$ mit Hg entsteht („vapore paratum") und sich nur in oxydierender Säure, und in $Hg(NO_3)_2$ [nicht in $HgCl_2$] löst [1]), geht leicht über in $Hg^{\cdot\cdot}$-Salz + Hg: 1. allmählich im Licht, 2. durch NH_3 (es entsteht $HgClNH_2$ + Hg + NH_4Cl), 3. beim Erhitzen mit Chloridlösungen: $2\,HgCl + HCl \rightarrow HHgCl_3 + Hg$, 4. durch NaOH (vgl. oben). Noch leichter zersetzt sich gelbes bis grünes in Alkohol unlösliches HgJ (schon bei Erhitzen oder Lösen in KJ → Hg + $Hg^{\cdot\cdot}$). — Auch das gelbliche, neutrale (!) Carbonat und das Rhodanid gehen leicht unter Hg-Abscheidung in die Merkuri-Vbdgg. über. — Hg_2SO_4 kann aus konzentrierten Lösungen ausgefällt werden (∼ Ag, Pb). — Das purpurrote, in heißer HNO_3 lösliche Chromat zersetzt sich beim Erhitzen entsprechend: $2\,Hg_2CrO_4 \rightarrow 4\,Hg + Cr_2O_3 + 5\,O$. (Vgl. S. 35.)

Silber. — AgX Silbersalze. — $M(AgX_2)$ Komplex-Vbdgg. Sulfat und Nitrat reagieren neutral und schmelzen wie auch das Chlorid [2]) unzersetzt; das wenig lösliche Oxyd bläut Lakmus; Ag bildet keine basischen Salze, sondern ähnlich wie die Alkalimetalle, z. B. normales Ag_2CO_3, ein Dichromat (S. 58) und ein echtes Superoxyd Ag_2O_2. Nach Beständigkeit gegen O und H_2O zählt es zu den Edelmetallen, löst sich nur in oxydierenden Säuren (HNO_3 konz. H_2SO_4). Angreifbarkeit durch KCN vgl. S. 94. Leicht löslich sind Nitrat (auch in Alkohol), Chlorat, Perchlorat, Fluorid, Fluorsilikat und Dithionat. In heißem Wasser Nitrit, Acetat, Sulfat und Bromat; auch in S. schwer oder „nicht" löslich die Halogenide, Jodat, die CN-haltigen und das Sulfid. Die zahlreichen übrigen Anionen bilden in H_2O unlösliche, in NH_3 und in HNO_3 lösliche Ag-Salze [3]). Löslichkeit in NH_3 und Ammoncarbonat vgl. Tabelle S. 85. Aus Lösungen in NH_3 sind Ag-Salze fällbar durch Säure [4])

---

[1]) In einem Gemisch von $Hg^{\cdot}$- und $Hg^{\cdot\cdot}$-nitrat wird zugesetztes Chlorid zur Bildung von $HgCl_2$ verbraucht, noch bevor alles HgCl gefällt ist. Für $Ag^{\cdot}$ statt $Hg^{\cdot}$ gilt gleiches.

[2]) Bei rund 1500° unzersetzt flüchtig als Ag_2Cl_2 (!). — Ag_2S l. i. conc. HNO_3.

[3]) $AgNO_3$ eignet sich daher vorzüglich, aus einer Lösg. fast alle Anionen durch Fällg. herauszuschaffen u. durch NO_3' zu ersetzen, besonders, wenn F' u. SiF_6'' und viele andere zuvor mit $Ba(NO_3)_2$ ausgefällt wurden. (Vgl. II, 119 u. 137.)

[4]) Selbstverständliche Voraussetzung, daß die Säure nicht mit dem zu fällenden Salz weiter reagiert.

und durch lösliches Ag-Salz. Die Ag-Salze sind farblos, soweit nicht das Anion färbend wirkt; auffällig daher die eigelbe Farbe von Ag_3PO_4. Mit Ausnahme von AgCN, AgCNS, Ag_3PO_4 und Ag_2S färben sie sich am Licht [1]) unter Reduktion allmählich grauviolett bis schwarz (Photographie). Auch durch chemische Mittel (z. B. Ferrosalze, am besten Acetat; organische Stoffe aller Art z. B. Formaldehyd) sind sie reduzierbar, durch Glühen im H-Strom besonders, wenn die entstehende Säure flüchtig ist. Die Reduktion einer NH_3 oder NaOH-haltigen Lösung bzw. Suspension (z. B. mit Tartraten, Traubenzucker, H_2O_2), wobei intermediär Ag_2O entsteht, geht besonders glatt. Bei langsamer Reaktion entsteht ein Silberspiegel. In saurer Lösung reduziert man mit Zn + H_2SO_4 [2]). Hydrolyse von Ag-Niederschlägen schwacher Säuren: Das weiße Carbonat und Borat werden leicht braun (: Ag_2O). Stark verdünnte Boraxlösung fällt schon in der Kälte Ag_2O. Das Borat verliert schon beim Auswaschen Borsäure. Sind die Anionen oxydierbar, so kann gleichzeitig „Disproportionierung" stattfinden (Thiosulfat S. 111, Hypochlorit S. 96 oben), ev. unter Abscheidung von Ag-Metall (Sulfit, Arsenit, Tartrat, Oxalat vgl. S. 113, 75, 79). Die Ag-Niederschläge zeichnen sich vielfach durch eine „käsige" Beschaffenheit aus, d. h. sie besitzen große, poröse Oberfläche, ohne die Schleimigkeit der Sulfide und Hydroxyde, ballen sich vielmehr bei Schütteln und Erwärmen zusammen besonders dann, wenn die Mengen der reagierenden Salze ungefähr äquivalent sind (!?). Bei langem Auswaschen von AgCl mit reinem destill. H_2O läuft es kolloidal durch die Filterporen.

OH-haltige Lösungen fällen braunes Ag_2O, l. i. NH_3, und Säuren (vgl. S. 18, Akg. 1) und in NH_4NO_3, bei 300° zerfallend in Ag + O, an der Luft CO_2 anziehend. Verhalten der Halogenide und Pseudohalogenide vgl. S. 84 u. 92. Einwirkung von Chlorwasser S. 87, Akg. 1. Ag_2S weniger l. als AgCl (daher auch nicht, wie dieses, l. in NH_3), schwer in

[1]) Die Empfindlichkeit nimmt ab entspr. der Reihe Br', J', Cl', CN', also nicht periodisch!

[2]) Geschmolzenes AgCl, in NH_3 sehr wenig l., beseitigt man aus Tiegeln durch Schmelzen mit NaCl und Herauslösen mit H_2O.

KCN, löst sich in heißer konz. HNO_3 im Gegensatz zu AgCl (vgl. S. 101 unten). Es entsteht auch aus metallischem Ag mit H_2S oder Sulfiden unter Mitwirkung des Luft-O (vgl. S. 104). K_2CrO_4 fällt rotes Ag_2CrO_4; $K_2Cr_2O_7$ dasselbe; braunes $Ag_2Cr_2O_7$ nur in konz. Lösg. Beide lösen sich, wie das eigelbe Ag_3PO_4 (vgl. S. 121), in heißer E. S. und NH_3 und werden durch Lauge und durch Halogenide zersetzt. Pyro- und Metaphosphate geben weiße Fällungen. $Ag_4Fe(CN)_6$ weiß, kalt n. l. i. HNO_3 und i. NH_3, löst sich in KCN und Thiosulfat. Bei Kochen mit NH_3 wird es zersetzt in $Fe(OH)_3$ und $NH_4Ag(CN)_2$ (vgl. Zersetzung von Ferrocyaniden durch NaOH im andern Sinne, S. 94 oben), durch Ferrisalz blaugefärbt. Das Ferricyanid ist schmutzigorange, lösl. i. NH_3. – Wasserglas fällt Ag-Salze gelb. Über Verhalten von Ag-Salz gegen AsH_3 vgl. S. 75.

Wismut. – BiX_3. – $M_3[BiX_6]$ und $M[BiX_4]$. – BiO_2 „Zwischen"-Oxyd (vgl. Sb_2O_4). – Bi_2O_5 (?) Säure-Anhydrid. Das spröde, rötlichweiße, bei 268° schmelzende, erst bei ca. 1100° flüchtige Metall löst sich nur in oxydierenden S'en, entsprechend seiner Stellung in der Sp. R. (S. 28, Akg. 2). $Bi(OH)_3$ ist eine sehr schwache Base (ähnlich Fe^3, Al), denn die H_2O-Lösungen von Chlorid, Sulfat, Nitrat, Acetat und Chlorat reagieren stark sauer. Bi-Salzlösung, tunlichst entsäuert, wird durch Na-Acetat schon in der Kälte gefällt. – Mit KCN entsteht $Bi(OH)_3 + 3\,HCN$ ($\sim$ Al). In Gegensatz zu $Fe^{\cdots}$ und Al bildet Bi aber ein basisches Carbonat und ein normales Sulfid (beides Mineralien), beide offenbar durch große Unlöslichkeit vor Hydrolyse geschützt. Eben deswegen bleibt, wie bei Sb (vgl. S. 66 ff.) die Hydrolyse schon mit relativ wenig H_2O stehen bei der Bildung unlöslicher „Bismutyl"-Salze (BiOX), die sich in mehr Säure lösen. Eine möglichst entsäuerte, noch klare Lösung anderer Bi-Salze kann daher durch NaCl vollständig gefällt werden als BiOCl. (Vgl. SbOCl S. 67.) Erhitzen der trockenen Salze flüchtiger Säuren bei Gegenwart von Spuren H_2O führt sie in braungelbes Oxyd über. Das wasserfreie Chlorid dagegen ist sublimierbar; $BiPO_4$ glühbeständig. – OH-haltige Lösungen fällen weißes $Bi(OH)_3$, ganz frei von basischen Salzen nur bei umgekehrter Fällung (II, 8, 5); beim Kochen oder Zusatz von H_2O_2 (!?) in gelbes BiO(OH) übergehend, unl. im Überschuß von NH_4OH, nicht ganz in dem von Lauge[1]. Leitet man in die alkalische Suspension Chlor, so entsteht ein rotes wismutsaures Salz. — $BiBr_3$ orange und BiJ_3 schwarz (durch viel H_2O in rotes BiOJ verwandelt), durch die entsprechenden Alkalisalze gefällt, lösen sich im Überschuß davon und werden durch viel H_2O daraus wieder gefällt. ($KBiJ_4$ Alkaloid-Reagens ähnlich Neßler-R.) — Lösliche Phosphate fällen nur in konz. S. lösliches weißes $BiPO_4$; noch schwerer l. ist das Jodat und Arseniat (auch in konz. HNO_3). Lösliche Chromate und Dichromate fällen gelb bis orange gefärbte basische Chromate (Dichromate?), nur in stärkeren Säuren l., im Unterschied vom analogen Pb-Salz sehr wenig in Laugen. Bi-Verbindungen, auch manche unlösliche, in Alkalinitrit + wenig H_2O eingetragen, färben sich eigelb ($\sim$ Pb; vgl. S. 100). Na-Stannit erzeugt durch Reduktion schwarzes metallisches Wismut[2]. Mit NH_3 gefälltes $Bi(OH)_3$, mit dem Reagens übergossen, wird sofort schwarz. Verwechslungen durch Bildung von metallischem Sn oder Pb vgl. S. 69 u. 62 oben). — Lösliche Sulfide fällen kaffeebraunes Bi_2S_3, unlöslich in kalter dil. HNO_3 und in KCN, löslich in heißer 20%iger HNO_3 und konz. HCl[3]. — Thiosulfat gibt mit Bi-Salz konz. kalt eine intensiv gelbe, durch H_2O nicht hydrolysierte Lösung, in dil. heißer Lösung entsteht Bi_2S_3. Über K-Bi-Thiosulfat vgl. S. 9. — $Bi^{\cdot\cdot\cdot}$ bildet keine gefärbte Perle, die Flamme färbt es grünweißlich fahl.

Blei. — Verbindungstypen vgl. S. 30. Das bläulichgraue Metall schmilzt bei 334°, geht dann allmählich in lehmgelbes PbO (Bleiglätte) und bei $< 400°$ weiter in rotes Pb_3O_4 (Mennige, Minium)[4] über, das bei $> 550°$ rückwärts wieder zerfällt.

[1]) Schon in heißer $\frac{n}{2}$ = 2%iger NaOH löst sich eine merkliche Menge. Bei Erkalten und Verdünnen fällt $Bi(OH)_3$ wieder aus.

[2]) Nach andern entsteht mit wenig Reagens zuerst BiO (ein Oxydul).

[3]) Nach HgS ist es das unlösliche Sulfid der Gruppe der schweren Sulfobasen (vgl. II, 70, 71).

[4]) Auch bei Kochen von PbO_2 mit Plumbit: $PbO_2 + 2\,Pb(OK)_2 \rightarrow Pb_3O_4 + 2\,K_2O$. — Vgl. damit: $2\,Pb(OK)_2 + NaOCl \rightarrow Pb_2O_3 + NaCl + 2\,K_2O$.

Pb steht in der Sp.-R. (S. 28, A. 2) links neben H. Es wird daher durch reinstes, d. h. CO_2 und O-freies Wasser kaum, durch Säuren, sogar schwache und nichtoxydierende, wie Essigsäure, aber immerhin merkbar angegriffen, wenn auch nicht gelöst, leicht dagegen durch HNO_3. Relativ widerstandsfähig ist es gegen HF [1]). Konz. H_2SO_4 bildet Sulfat, das sich zu Bisulfat löst (Bleigehalt roher konz. H_2SO_4) und bei H_2O-Zusatz wieder ausfällt. Da die meisten Salze in Wasser unlöslich sind, so bilden sich Deckschichten, die das Metall vor weiterer Einwirkung der Säure schützen. — Von den sauer gegen Lakmus (nicht gegen Dimazo) reagierenden Plumbosalzen lösen sich in H_2O Nitrat und Acetat (Bleizucker), kochend heiß $PbCl_2$. Als Lösungsmittel für die übrigen kommen in Betracht a) Laugen [2]), b) Säuren, c) organische Komplexbildner (vgl. S. 76, Akg. 4). Nicht oder wenig l. in a) und c): Sulfid; in a) auch die höheren Oxyde; in b): Sulfat, Fluorid, Jodat, Silikat. In Essigsäure fast unlöslich Chromat, Phosphat, Oxalat. In reduzierenden Säuren, wie konz. HCl, HNO_3 + Oxalsäure, lösen sich die höheren Oxyde und $PbCrO_4$; in oxydierender HNO_3 das Sulfid, in komplexbildenden, wie Eisessig, die höheren Oxyde. Fällungen aus Acetatlösungen bleiben daher oft unvollständig wegen Umkehrbarkeit der R.: Manche unl. Salze lösen sich auch in Pb-Acetat-Überschuß [3]). Pb_3O_4 löst sich in konz. H_3PO_4. — $Pb(OH)_2$ weiß nur so weit l., daß es (oder PbO + H_2O) Indikatoren deutlich alkalisch umfärbt und Wasser giftig macht. An der Luft nicht oxydabel (diff. Mn, Fe, Co), zieht CO_2 aus der Luft an und macht aus NH_4-Salzen NH_3 frei [4]). Trotzdem reagieren die löslichen Salze durch Hydrolyse sauer, das Acetat riecht nach Essigsäure [5]). Basisches Acetat (Bleiessig) bläut Lackmus, rötet aber Phenolphthalein nicht. — Schon mit schwachem Alkali, z. B. NH_4OH, läßt sich das Hydroxyd praktisch vollständig fällen, ebenso

[1]) Bleitiegel zur Ausführung HF erzeugender R'en.

[2]) Dabei entsteht Alkaliplumbit: $PbSO_4 + 4\ NaOH \longrightarrow Pb(ONa)_2 + Na_2SO_4 + 2\ H_2O$.

[3]) Bildg. komplexer Pb-acetoto-Kationen; vgl. S. 80 und Hofm. S. 554.

[4]) Verseift auch Fette (Bleipflaster).

[5]) Seine kalt bereitete gesättigte Lösung reagiert alkalisch, die stark dil. Lösg. sauer (!).

mit NH_4NO_3 aus Lösungen in Laugen, den Plumbitlösungen (~ Al). Beim Glühen des Hydroxyds entsteht PbO und schließlich Pb_3O_4 (vgl. S. 59), das bei höherer Temperatur unter O-Abgabe PbO zurückbildet. Schwarzes PbS wird durch lösliche Sulfide (z. B. H_2S) aus alkalischen oder nicht zu sauren Lösungen gefällt. Aus letzteren fällt zuerst schlecht filtrierbares rotbraunes Sulfosalz. PbS löst sich in konz. HCl und in HNO_3, wobei sich mit HNO_3 auch etwas $PbSO_4$ bildet. PbS ist das einzige aus reiner KOH-Lösung schwarz fällbare Sulfid. — $PbCl_2$ ist ausgezeichnet durch eine mit der Temperatur steil ansteigende Löslichkeitskurve (bei Z. T. rund 1 % l.). Überschuß löslicher Chloride setzt in verdünnter Lösung seine Löslichkeit herab und erhöht sie konzentriert angewandt durch Komplexbildung ($HPbCl_3$). Bei Zusatz von Alkohol kann $PbCl_2$ quantitativ abgeschieden werden. Viel unlöslicher ist das gelbe Jodid, das sich bei Siede-Temp. in Essigsäure oder H_2O farblos (!?) löst, um beim Erkalten in goldgelben Flittern auszukristallisieren. Das fast farblose, in Aceton lösliche $KPbJ_3$ (durch Lösung von PbJ_2 in KJ) wird durch Spuren H_2O intensiv gelb (Prüfung auf Feuchtigkeitsspuren). $PbBr_2$ farblos ähnelt mehr dem Chlorid. $Pb(CN)_2$ ist in KCN-Überschuß nicht löslich!! (Vgl. S. 90, Akg. 4). $PbSO_4$ ist genügend unlöslich, besonders in Alkohol, um in der Analyse als Abscheidungsform benutzt zu werden. Immerhin lösen es Säuren genügend, daß man gezwungen ist, aus der Fällungsflüssigkeit durch Abrauchen mit konz. H_2SO_4 etwa vorhandene flüchtige starke Säuren völlig zu vertreiben. — Über das gelbe $PbCrO_4$ (Chromgelb) vgl. S. 37. Das neutrale Carbonat, in der Natur als Cerussit, entsteht aus neutralem Pb-Acetat mit CO_2. Aus basischem Pb-Acetat (Bleiessig) oder beim Fällen des Nitrats mit Carbonaten entstehen basische Salze (Bleiweiß). Daß hierbei E. S. „frei gemacht" wird durch CO_2 (während sonst umgekehrt E. S. Carbonate zersetzt) spricht für große Unlöslichkeit der Pb-Carbonate. Blei bildet kein lösliches Bicarbonat [1]). — Aus

[1]) Manche Lehrbücher behaupten das Gegenteil. Unbestritten ist jedenfalls die Unschädlichkeit von Trinkwasser-Rohren aus Blei.

Plumbitlösungen scheidet Na-Stannit allmählich, etwas schneller bei Wasserbadhitze metallisches Blei ab, oft als Spiegel. Aus Ag- und Pb-Salzgemisch fällt Lauge lebhaft gelbes Ag_2PbO_2.

Aus Pb_3O_4 (Mennige) löst HNO_3 $^2/_3$ des Bleis unter Hinterlassung von braunem PbO_2, Bleidi- oder -superoxyd (Bleisäure-Anhydrid). Sie wird deswegen aufgefaßt als neutrales Bleisalz der ortho-Bleisäure, $Pb(OH)_4$. — PbO_2 zeigt das Verhalten anderer Superoxyde [1]), z. B. gegen HCl; durch SO_2 wird es in $PbSO_4$ verwandelt im Gegensatz zum äußerlich ähnlichen MnO_2, das sich in SO_2 löst zu MnS_2O_6 Mangandithionat (S. 113). PbO_2 entsteht durch oxydierende Schmelze ($KClO_3 + PbO$), aus freiem Halogen und alkalischen oder essigsauren Pb-Lösungen, aus ersteren auch mit H_2O_2 oder K_3FeCy_6; mit $NH_3 + H_2O_2$ bisweilen in einer sehr hellen Form. PbO_2 (und Pb_3O_4) oxydieren stark (stärker als MnO_2) z. B. $Mn^{\cdot\cdot}$ in HNO_3- oder H_2SO_4-Lösung zu $HMnO_4$, Cr in alkalischer zu Chromat, H_2S (das sich beim Darüberleiten sofort entzündet), Oxalsäure, und andere org. Sz'en, Ammoniak (zu NH_4NO_3), H_2O_2 (zu $H_2O + O_2$), Komplexcyanide (vgl. II, 86). PbO_2 bläut Jodzinkstärke (Pb_3O_4 nicht, MnO_2 nicht so stark), es löst sich nur in sehr konz. kochender Lauge allmählich zu Plumbat, und macht aus $CaCO_3$ bei trockenem Erhitzen CO_2 frei unter Entstehung von Ca-Plumbat (zur Darstellung von O_2 verwandt). Plumbate und die noch viel unbeständigeren Pb^4-Salze [2]) geben mit H_2O und bei trockenem Erhitzen (Plumbate auch mit Säuren) PbO_2. Lösungen von $PbCl_4$, aus PbO_2 und kalter konz. HCl, spalten schon bei gelindem Erwärmen Chlor ab. Pb_3O_4 (und etwas schwerer PbO_2) ist löslich in konz. Essig- und Phosphorsäure, offenbar zu Komplex-Verbindungen. Aus den Lösungen läßt sich vorhandenes $Pb^{\cdot\cdot}$ als Sulfat fällen und man erhält im Filtrat Pb^4 und Acetat bzw. Phosphat enthaltende stark oxydierende saure Lösungen; aus der Acetatlösung fällt, beschleunigt durch Erhitzen oder durch viel H_2O Bleidioxyd wieder aus.

[1]) Vgl. S. 80 ff.: Echte und unechte Superoxyde.

[2]) Plumbi-Acetat, ein neuerdings bei org. Synthesen oft gebrauchtes Oxydationsmittel.

Ähnlich herstellbare Weinsäurelösungen zersetzen sich bald durch intramolekulare Oxydation. — Verbindungen, die Pb als komplexes Anion enthalten, sind zum Teil gelb gefärbt, z. B. $(NH_4)_2PbCl_6$ [analog und isomorph $(NH_4)_2PtCl_6$]; Pb-Nitritkomplex (vgl. S. 100).

Sn, Sb, As. Sulfosäurebildner der H_2S-Gruppe.

SnX_2 Stannosalze; SnX_4 Stannisalze; As und Sb: MX_3; MX_5. — Typen der Me-haltigen Anionen vgl. unten.

Alle drei haben amphoteren Charakter. Der saure Charakter steigt mit der Wertigkeit. Am meisten auf der basischen Seite steht Sn^2, am meisten auf der sauren As^5, wie ersichtlich aus dem tabellarisch dargestellten Verhalten der Metalle: s. S. 67.

Alle 3 bilden komplexe Anionen mit O, mit S und mit Halogen [1]). Es ist eine nur analytisch zusammengehörige Gruppe, insofern als ihre Sulfide durch Löslichkeit in gelbem Schwefelammon von den „schweren Sulfobasen" der H_2S-Gruppe trennbar sind. As und Sb als 3- und 5-wertig dem P verwandt, stehen in einem gewissen Gegensatz zum 2- und 4-wertigen Sn, das in manchem anklingt an Verhältnisse, die sich bei Pb und Si finden. (Stellung von Si, Sn und Pb im periodischen System!)

Sn bildet noch eine Reihe echter Salze (auch der Sauerstoffsäuren), in stärker $H^{\cdot}$- und OH'-haltigen Flüssigkeiten alle löslich (Stanniphosphat vgl. S. 67, A. 3). Außer leicht hydrolysierbarem, nur mit konz. H_2SO_4 erhältlichem Sulfat bei Sb, sind von As und Sb nur Oxyde, Sulfide und Halogenide bekannt. Bei As^5 ein nur bei tiefer Temperatur und in konz. HCl bestehendes $AsCl_5$. Beständiger sind die O, S oder Halogen Komplex-Anionen enthaltenden Vbdgg., in der ~ it, wie in der ~ at-Form, z. B. X_2SnO_2 Stannite; Na_2SnO_3 Präpariersalz (Stannat); X_2SnS_3 Sulfostannat; H_2SnCl_4 „Bettendorfs Reagens"; $(NH_4)_2SnCl_6$ Pinksalz (Chlorostannat). $KAsO_2$ K-Arsenit (Fowlersche Lösung); Ag_3AsO_3 Silberarsenit; NH_4MgAsO_4 Amm.-Mg-Arsenat; K_3SbS_3 K-Sulf-antimonit; Na_3SbS_4 Schlippesches Salz (Sulf-

[1]) Z. B. H_2SnO_3, H_2SnS_2, H_2SnCl_4. CN-haltige Anionen sind von As, Sb, Sn nicht bekannt.

antimonat). — Entsprechend den Ausführungen S. 76 ff. entstehen solche Komplex-Vbdgg. aus Oxyden, Sulfiden, Halogeniden mit den entsprechenden Alkalisalzen, und zwar aus den „sauren" Komponenten (vgl. S. 78, Akg. 3), auch wenn diese zu den unlöslichen gehören oder aus anderen unl. Vbdgg. von As, Sb und Sn durch Auflösen oder Schmelzen mit den Alkalihydroxyden, -carbonaten und -sulfiden (Sb- und Sn-Vbdgg. oft auch mit Tartraten, Sb-Vbdgg. auch mit freier Weinsäure). Analytisch am wichtigsten ist das Verhalten der Sulfide: Sn, Sb und As werden aus sauren Lösungen zwar ebenso durch H_2S, und aus Lösungen, die die Metalle als Kation enthalten, durch vorsichtigen Zusatz von $(NH_4)_2S$ gefällt, wie die schweren Sulfobasen, im Gegensatz zu diesen und den leichten Sulfobasen aber nicht durch $(NH_4)_2S$-Überschuß, oder aus Lösungen, die die Metalle als Anion enthalten. Vielmehr gehen sie beim Ausziehen des in saurer Lösg. erzeugten Gesamt-H_2S-N'es mit löslichen Sulfiden in Lösung als Alkalisalze der Sulfosäuren und werden so von den schweren Sulfobasen getrennt [1]). Man benutzt in der Analyse das gelbe Ammoniumpolysulfid, wodurch die Sulfide niedriger Stufe zugleich zu Sulfosalzen der höheren oxydiert werden [2]).

$$As_2S_3 + 2\,(NH_4)_2S_2 \rightarrow (NH_4)_3[AsS_4] + NH_4[AsS_3]$$

$$SnS + (NH_4)_2S_2 \rightarrow (NH_4)_2SnS_3.$$

Mit den einfachen Sulfiden entstehen Sulfo-metall-ite, z. B. $(NH_4)_3AsS_3$. Nur SnS ist in Monosulfiden praktisch unlöslich [3]). — Beim Ansäuern der Sulfosalzlösungen erhält man statt der freien Sulfosäuren die Sulfide („Anhydrosulfide") zurück, neben H_2S. Aus Lösungen der Sulfide in S-freien Alkalien [die dann äquivalente Mengen O- und S-haltiger Anionen enthalten:

$$As_2S_3 + 6\,KOH \rightarrow K_3AsO_3 + K_3AsS_3 + 3\,H_2O],$$

erhält man beim Ansäuern die Sulfide vollständig erst dann

[1]) Betr. Cu, Ni, Fe vgl. S. 106 unten. Auch Bi bildet ein allerdings gegen H_2O nicht beständiges Sulfosalz.

[2]) Vgl. S. 107, Akg. 3.

[3]) H_2S ist stärker „sauer" als H_2O; umgekehrt verhält sich SnS zu SnO.

zurück, wenn man (wegen der Flüchtigkeit des entstehenden H_2S) gleichzeitig H_2S einleitet. Verhalten der Sulfide gegen Lösungsmittel: Vgl. Tabelle.

Sulfide von	Sn^2	Sn^4	Sb^3	Sb^5	As^3	As^5
HCl 15 %	l.	l.	l.	n. l.	[2]	[2]
starke HCl	l.	l.	l.	l.: $SbCl_3$ [1]		
lösl. Monosulfide	n. l.	l.	l.	l.	l.	l.
lösl. Polysulfide	l.	l.	l.	l.	l.	l.
Alk.-hydroxyde u. -carbonate	etwas schw. l.	l.	l.	l.	l.	l.
Ammoniak	schw. l.	l.	etwas schw. l.	l.	l.	l.
Ammoncarbonat	n. l.	etw. l.[3]	n. l.	n. l.	l.	l.
Bicarbonate	n. l.		n. l.	n. l.	l.	l.
Bisulfite	n. l.		n. l.	n. l.	l.	l.
Alk.-acetat	n. l.	n. l.	n. l.	n. l.	etwas l.	etwas l.
Farbe	braun	hellgelb	orange	orange	sattgelb	sattgelb

In Sb_2S_5 sind 2 S-Atome locker gebunden („Supersulfid"). Schon beim Waschen mit CS_2 geht S in Lösung. Bei Erhitzen im CO_2-Strom Dissoziation zu $S_2 + Sb_2S_3$ (mit der grauen Farbe des Spießglanz-Minerals). Beim Erhitzen an der Luft entsteht SO_2 und Sb_2O_3.

As_2S_5 wird durch saure Solventien leicht nur gelöst, soweit sie oxydierend wirken (HNO_3 und Königswasser vgl. S. 101 unten ff.). Bei sehr langem Kochen mit konz. HCl verflüchtigt sich $AsCl_3$ (B. 30, 1649). So kommt es, daß bei gleichzeitigem Einleiten von H_2S und HCl und Destillation heißer As^3-Lösung oder As^5 und Reduktionsmittel (z. B. Hydrazinsalz) enthaltender Lösung $AsCl_3$ neben H_2S übergeht und als As_2S_3 im kalten Wasser der Vorlage ausfällt. — Die Fällung von SnS_2 wird gestört durch Anwesenheit von viel Oxalat, Fluorid und sogar Phosphat (Komplexbildung). Aus seiner Lösung in .Ammoncarbonat fällen Säuren einen weißen N (Zinnoxydsulfid?) [3]. Völlig trockenes, gealtertes SnS_2 (Musiv-

[1]) $SbCl_5$ aus Sb_2S_5 mit HCl primär entstehend oxydiert dabei H_2S: $Sb_2S_5 + 6\,HCl \longrightarrow 2\,SbCl_3 + 3\,H_2S + 2\,S$.

[2]) Vgl. II, 70 A. 5.

[3]) Nach älteren Angaben soll sich SnS_2 wie Sb_2S_5 in Am. Carb. gar nicht lösen. Die Trennungsmethode des As von Sn u. Sb mit Am. Carb. hat jedenfalls zweifelhaften Wert (II, 76).

gold) ist in allen Solventien unlöslich und muß durch geschwefelte alkalische Schmelze aufgeschlossen werden. Bei Erhitzen mit Zn + HCl entsteht H_2S. Vgl. II, 36.

Hydrolysierbarkeit: In tunlichst schwach sauren oder alkalischen Lösungen, die Sn oder Sb enthalten, entstehen durch viel H_2O besonders in der Wärme N'e, deren Bildung durch Zusatz von Säure- oder Lauge-Überschuß gehindert werden kann. Sb^3-Salze ähneln denen des Bi insofern, als die R. stehenbleibt bei basischen „Antimonyl"-Salzen, SbOX, die durch Unlöslichkeit vor weiterer Hydrolyse geschützt sind. [BiOCl und SbOCl [1]) Trennung mit $(NH_4)_2S_5$ und entsprechend S. 76, A. 4.] Sb_2O_3 löst sich leicht in Laugen, HCl und in Weinsäure, kaum in H_2SO_4 oder HNO_3. Nitrat und Sulfat von Sb^3 sind so leicht hydrolysierbar, daß die betr. Säuren aus $SbCl_3$ sofort das Hydroxyd fällen. Die Hydrolyse der As-Lösungen führt nicht zur Bildung von Niederschlägen. As_2O_3 löst sich reichlicher in HCl als in H_2O [2]). Beim wiederholten Eindampfen mit der Säure verflüchtigt sich As schließlich vollständig als $AsCl_3$. Aus heiß gesättigter Lösung in HCl kristallisiert andererseits beim Erkalten As_2O_3 aus. $AsCl_5$ ist nur in Lösungen in sehr starker HCl anzunehmen, in schwächer saueren Lösungen wird es hydrolysiert zu Arsensäure H_3AsO_4. — As und Sb bilden O-Säuren, deren Formeln fast ganz denen des P entsprechen [3]) und bei As auch dessen R'en zeigen (S. 74). Zinnsäure ist vergleichbar der Kieselsäure. Oxydierende Wirkung (z. B. gegenüber HJ) besitzen As^5 und Sb^5, nicht Sn^4. Die niederen Stufen, sowohl in alkalischer wie in saurer Lösung, wirken bei allen dreien reduzierend. — Farbigkeit findet sich z. B. bei den Sulfiden, Jodiden, bei Bleiantimonat (Neapelgelb) u. a.

As^3, Sb^3 und Sn^4 verflüchtigen sich teilweise beim Eindampfen salzsaurer Lösungen (Gegenmittel Zusatz von NaCl, vgl. S. 77, A. 2). — Die Fähigkeit von As und Sb, flüchtige

[1]) SbOCl Algaroth-Pulver aus $SbCl_3$-Lösungen beim Eindampfen oder mit viel Wasser, oder aus Tartar. stibiat. (vgl. II, 68, 1) mit HCl.

[2]) Gleichgewicht entsprechend $As_2O_3 + 6\,HCl \rightleftarrows 2\,AsCl_3 + 3\,H_2O$. — Vgl. damit Borsäure und HCl S. 124, Akg. 1.

[3]) Vgl. Tabelle S. 120. — (Stellung von P, As, Sb im period. System!)

H-Vbdgg. [1]) zu bilden, die auch analytische Bedeutung haben, ist ein Zeichen des nichtmetallischen Charakters (vgl. N, P). Analytische Bedeutung betr. vgl. S. 75. AsH_3 entsprechen Metall-Arsenide, wie H_2S Metallsulfide. Manche Arsenide sind wichtige Mineralien (aber nicht als N'e in H_2O-Lösung zu erhalten, und ohne analytische Analogie zu Sulfiden). Mit den Valenzregeln stimmt ihre Zusammensetzung oft

	Verhalten i. d. Hitze	Verbrennt zu	Erhitzt im Cl-Strom	konz. HCl	H_2SO_4 dil.
Sn	schmilzt b. 233° F.Pkt. ca. 1500°	SnO_2 Zinnasche	$SnCl_4$ rauch. Flüssigk.	$SnCl_2$ „Zinnsalz"	sehr langs. $SnSO_4$
Sb	schmilzt b. 630° F.Pkt. ca. 1300°	Sb_2O_3	$SbCl_3$ Antimonbutter[2]) u. $SbCl_5$ rauch. Flüss.	praktisch nicht angegriffen [4])	—
As	flüchtig ohne zu schmelzen (Knoblauchger.)	As_2O_3 (geruchlos)	$AsCl_3$ rauchende Flüssigkeit	—	—

	konz. H_2SO_4	Königswasser	HNO_3 je nach Temp. u. Konz. dil. kalt	konz. heiß	Kalilauge	Physikal. Beschaffenheit
Sn	$SnSO_4$ u. $Sn(SO_4)_2$	$SnCl_4$ rauch. Flüss.	$Sn(NO_3)_2$	H_2SnO_3 $Sn(NO_3)_4$	K_2SnO_3	weich dehnbar, Stanniol
Sb	$Sb_2(SO_4)_3$ stark hydrolysierbar	$SbCl_5$ rauchende Flüssigkeit	Sb_2O_3	$HSbO_3$		spröde, leicht zu pulvern
As	As_2O_3	As_2O_3 [3]) Kristalle	H_3AsO_3	H_3AsO_4	$KAsO_2$	spröde, leicht zu pulvern

[1]) Überaus unbeständige H-Vbdgg. sind neuerdings auch von Sn erhalten worden. Blaufärbg. der Flamme durch Zinnwasserstoff zum Nachweis von Sn (vgl. S. 75 u. II, 78, Akg. 1).

[2]) Der Name deutet die Beschaffenheit als weichblättrige Kristallmasse an.

[3]) Beim Abrauchen Sn- oder Sb-haltiger Stoffe mit HNO_3 findet sich AsO_4 wie PO_4 im Rückstande, soweit als Sn und Sb zur Bindung jener Anionen ausreichen.

[4]) Kochende HCl löst sehr langsam: $SbCl_3 + H_2$ (Holleman).

nicht überein [1]): Trotz verschiedener Wertigkeit vertreten sich z. B. S und As Atom für Atom nach den Formeltypen MS_2; MAsS; MAs_2 (M = Fe, Co oder Ni). — NiAs (∼ FeS)[2]). Manche Metallsulfosalze von As und Sb sind wichtige Mineralien, z. B. Ag_3SbS_3, Ag_3AsS_3 (Rotgiltig-Erze, Bestandteil der Fahlerze).

Zinn. — Verhalten gegen Luft und H_2O bei Z. T. wie ein Edelmetall. Verbrennt bei hoher Temperatur zu „Zinnasche" SnO_2. Verhalten gegen Säuren und Verbindungs-Typen S. 63. Zinnverbindungen neigen zu Umwandlungen a) durch Hydrolyse. Stanno-Vbdgg. außerdem b) zur Oxydation. Stanni-Vbdgg. c) zu Zustandsänderungen, deren Endprodukte früher als β- oder meta- oder Stannyl-Vbdgg. bezeichnet, dann als verschieden kolloidale Zustandsformen erklärt wurden, wobei indes auch die Bildung von poly-Säuren eine Rolle spielt [3]). Sie zeigen je nach Art und Temperatur der Entstehung und Alter geringere Löslichkeit gegenüber den mono, α- oder ortho-Vbdgg.[4]). a) und b) können dem M. W.-Gesetz entsprechend durch Zusatz von Sn-Metall oder von Alkali bzw. Säure gehindert werden. Dem $SnCl_2$-Reagens des Laboratoriums setzt man überschüssige Säure und etwas Zinn

[1]) Im Realgar As_2S_2 z. B. wird As^2 angenommen: $S\langle{}^{As}_{As}\rangle S$, statt S = As — As = S.

[2]) As als häufiger verunreinigender Begleiter vieler Sulfide wie ZnS, FeS_2 u. a. Daher ist die Gefahr der Verunreinigung vieler Reagenzien und Medikamente durch As gegeben, bei deren Gewinnung jene Rohstoffe direkt oder indirekt eine Rolle spielen (Zinkmetall, konz. H_2SO_4, Salzsäure u. a.). Vgl. S. 75, A. 3.

[3]) Es gibt zum mindesten 8 Zinnhydroxyde, die sich unterscheiden durch den H_2O-Gehalt und ganz verschiedene Lösbarkeit in $H^{\cdot}$, OH' und $NH_4^{\cdot}$-Lösungen (B. 57, 65). Vgl. hierzu auch Hofm. S. 745.

[4]) Man unterschied früher die frisch gefällte in Säuren (auch in HNO_3) und Lauge (auch in NH_3 und Carbonaten) leicht lösliche Orthosäure von der beim Altern, oder durch längeres Erhitzen jener, auch aus Sn + HNO_3 entstehenden in dil. Säuren und Laugen mehr oder weniger unlöslichen Metasäure, die mit konz. HCl und konz. KOH Verbindungen bildet, die erst bei nachherigem H_2O-Zusatz in Lösung gehen. Aus ihnen kann die Zinnsäure durch alle möglichen Mittel koaguliert, aus der HCl-Lösung aber nicht mehr wie vorher mit Dampf verflüchtigt, und durch Tartratzusatz nicht unfällbar gemacht werden. Bei sehr langem Kochen mit Säuren oder Laugen, beim Schmelzen mit KOH oder mit Schwefel und Soda, und beim Abrauchen mit konz. H_2SO_4 werden die ursprünglichen Stanni-Verbindungen regeneriert.

zu, weil es sonst allmählich unlösliche basische Stanno- oder Stanni-Vbdgg. fallen läßt. In sehr stark saurer, H_2SnCl_4 enthaltender Lösung (Bettendorfs Reagens) ist die Oxydation stark verlangsamt. Stannite können außer durch Luftoxydation, besonders bei starkem Überschuß von konz. Alkali, in Stannat übergehen unter Abscheidung von schwarzem Zinn (Diproportionierung): $2\,K_2SnO_2 + H_2O \rightarrow K_2SnO_3 + Sn + 2\,KOH$. Bei Mangel an Alkali erleiden sie Hydrolyse: $Na_2SnO_2 + HOH \rightarrow 2\,NaOH + SnO$. – Zink (nicht Eisen) schlägt aus allen sauren Sn-Lösungen schwammiges Metall nieder. Fe reduziert Stanni- zu Stannosalz (diff. Sb vgl. S. 71).

S t a n n o s a l z e. Das Hydroxyd, auch durch Soda unter CO_2-Entwicklung fällbar, ist löslich in Säuren, Laugen und NH_4-Salz, unlöslich in NH_4OH, gibt schon beim Kochen unter Wasser oder beim Glühen schwarzbraunes SnO, das schließlich zu SnO_2 verbrennt. – Fällung mit KCN vgl. S. 90, Akg. 4. Phosphat und Oxalat sind in Säure und Lauge l., wie alle unlöslichen Stanno-Vbdgg. Reduktions-Reaktionen: Stannochlorid reduziert stark, a) in alkalischer, b) in saurer Lösg. – a) Na-stannit reduziert $Bi^{\cdot\cdot\cdot}$-, $Hg^{\cdot\cdot}$-, $Ag^{\cdot}$ (+ NH_3), und langsam auch Pb-Salze (B. 31, 1118) zu ihren Metallen. – Beispiele zu b): Blaufärbg. mit Ferriferricyanid (S. 33 unten) und mit Molybdat; S-Abscheidung aus SO_3'', und S_2O_3'' [1]); von braunem As, von Hg und von Ag (in der Hitze) aus deren Verbindungen, wobei natürlich primär HgCl und AgCl entstehen. Stannonitrat-Lösung zersetzt sich beim Erhitzen leicht unter Abscheidung von H_2SnO_3.

S t a n n i - Verbindungen [2]). Sie entstehen aus Stannosalzen und Stanniten durch Oxydation, z. B. aus $SnCl_2$ mit freiem Halogen, am besten Brom zuzusetzen, solange entfärbt; aus dem Metall vgl. Tabelle S. 67. Obgleich natürlich, wenn Sn^4 übergeht in Sn^2, das betr. Reduktionsmittel oxydiert wird, wird man zögern Stanni-Vbdgg. als Oxydations-Mittel im engeren Sinne des Wortes anzusprechen (diff. Pb^4, As^5). $SnCl_4$ hat den Charakter eines Säurechlorides, SnO_2 den eines Säure-

[1]) Nebenher entsteht SnS_2.
[2]) Die üblichen Handelspräparate enthalten Sn^4 als Anion: Alkalistannate und $(NH_4)_2SnCl_6$ Pinksalz; als Kation in SnO_2 und SnS_2.

Anhydrids ($\sim SiO_2$), den Fluorsilikaten entsprechen Fluorstannate. Unverändert haltbar sind die unlöslichen Sn^{4}-Vbdgg.: das Oxyd, das gelbe Sulfid, Phosphat [1]) und Arsenat.

Stark hydrolysierbar im Gegensatz dazu die löslichen Salze: $SnCl_4$, bei 120⁰ siedende Flüssigkeit (Tab. S. 67), mit wenig H_2O oder HCl gechlorte kristallisierte Säuren bildend, gibt mit mehr Wasser eine Lösung, die anfänglich nur die undissoziierte Verbindung enthält, beim Eindampfen sich mit H_2O etwas verflüchtigt (nicht in Gegenwart von genügend NaCl), allmählich aber hydrolysiert wird und dann kolloidales $Sn(OH)_4$ enthält neben HCl und etwas H_2SnCl_6. Mit viel Wasser, besonders in der Hitze, scheiden sich Hydroxyde aus. Noch leichter hydrolysierbar sind Sulfat und Nitrat. $SnCl_4$ wird daher durch neutrale Sulfate oder Nitrate gefällt. Mit HNO_3 entsteht aus Sn je nach Temperatur, Konzentration und Mengen-Verhältnis Stanno- [2]) oder Stanni-Nitrat, basische Salze oder schließlich Stannihydroxyde wechselnden H_2O-Gehalts. Konzentrierte HNO_3 verwandelt beim Erhitzen in unlösliche sog. Metazinnsäure H_2SnO_3, die beim Glühen in SnO_2 übergeht. Behandelt man mit großem Überschuß kalter HNO_3, so löst sich anfangs gebildetes H_2SnO_3 bei H_2O-Zusatz als Nitrat ganz auf (Rose). Übergießt man mit konz. HNO_3, so tritt bei langsamem H_2O-Zusatz plötzlich heftige R. ein unter Ausstoßung roter Dämpfe. Bei Gegenwart von viel Fe entsteht auch nach Abdampfen ein lösliches Produkt. Hydroxyde oder Zinnsäuren entstehen auch aus $SnCl_4$ mit OH'-Lösungen oder Carbonaten (wobei CO_2 entweicht), schließlich aus Stannaten durch Säure (CO_2) oder mit NH_4-Salz (wie bei Aluminaten). Das durch Glühen der Hydroxyde oder Verbrennen des Metalls erhaltene, bei Erhitzen vorübergehend gelb werdende SnO_2 ist, wie der natürliche Zinnstein, ähnl. SiO_2, unl. in S. u. Lauge; Zn + HCl reduz. es zum Metall (Zinnschwamm); Schwefel-Soda-Schmelze liefert

---

[1]) Die beim Eindampfen Sn- u. P- (oder As-)haltiger Sz. mit HNO_3 entstehenden unlöslichen Verbindungen werden auch aufgefaßt als komplexe Zinn-Phosphor- (bzw. Arsen-) Säure oder als Adsorptions-Verbindung von Phosphorsäure an kolloidale Zinnsäure.

[2]) Und zwar ohne Gasentwicklung. Unter den Produkten der R. befindet sich NO, N_2O, N_2, NH_2OH und NH_4NO_3 (C. 35, 1, 1939).

H_2O-lösliches Sulfostannat; Ätzkali-Schmelze (im Silbertiegel), auch in Alkohol lösliches Alkalistannat (diff. Sb); Schmelzen mit KCN liefert Sn als Metallkorn; Erhitzen im H-Strom reduziert zu Sn-Metall. Betr. SnH_4, brennend mit blauer Flamme. Vgl. S. 67, A. 1. Ähnlich wie Al gehen Sn^4-Vbdgg. unlösliche Tripel-Vbdgg. ein mit der Gewebefaser und Farbstoffen („Färberbeizen").

Antimon. — Das gebräuchlichste Sb-Präparat ist Tartarus stibiatus, Brechweinstein [1]) (leicht l. in H_2O mit schwach saurer R., nicht in Alkohol). Sb_2O_3 entsteht außer aus dem Metall (vgl. Tabelle S. 67) beim Erhitzen alkalischer Fällungen von Sb^3-Salzen. Weiß, bei Erhitzen vorübergehend gelbrot werdend, dann schmelzend und teilweise sublimierend, bei starkem Glühen weißes „Zwischenoxyd" Sb_2O_4 bildend. — Sb_2O_3 löst sich außer in Weinsäure und Tartraten in Alkali zu Antimonit ($KSbO_2$), in HCl und konz. H_2SO_4. SbX_3-Lösungen fällbar durch OH', NH_3, CO_3'' u. ä., wie AlX_3 als Hydroxyd, l. i. Überschuß von OH', nicht von NH_3 (Verhalten von $Bi^{\cdot\cdot\cdot}$ vgl. S. 59 oben). Neben $X(OH)_3$ kommt in Betracht bei Sb (wie bei Al) O = XOH Met-antimonige S'n. — Eisen oder Zink reduziert $SbCl_3$-Lösung zu Sb-Metall, das sich bei Anwesenheit eines Platinbleches an diesem samtschwarz ausscheidet. Ag -NH_3-Lösung wird durch Antimonit reduziert: es entsteht Antimonat und schwarzes Ag-Metall (II, 77). Jod wird durch Sb^3 entfärbt $SbCl_3 + 2\,J + 2\,HCl \rightarrow SbCl_5 + 2\,HJ$.

Sb^5-Verbindungen. Metantimonsäure $HSbO_3$, aus Sb mit konz. HNO_3, weißes Pulver, in der Hitze Sb_2O_5 bildend unter vorübergehender Gelbfärbung, weder schmelzend, noch sublimierend. Bei sehr starkem Glühen gespalten in Sb_2O_4 und O. In konz. HCl langsam gelöst zu $SbCl_5$ (diff. SnO_2), das mit H_2O Hydrolyse erleidet zu SbO_2Cl und schließlich zu H_3SbO_4. Leichter entsteht $SbCl_5$ durch Lösen von Sb, Sb_2O_3 oder Sb_2S_3 in Königswasser. Beim Erhitzen zersetzt es sich in

[1]) Gewöhnlich aufgefaßt als K-Antimonyl-tartrat $(C_4H_4O_6) <^{K}_{SbO}$; andere Formeln vgl. Angew. 17, 41. Wahrscheinlich Derivat von $KSbO_2$, in dem 1 Atom O durch den Tartratrest ersetzt ist: K-tartro-antimonit. Auch Bi, As — Al, Fe, Cr und B bilden analoge Vbdgg.

$SbCl_3 + Cl_2$ („Superchlorid"). Aus saurer KJ-Lösung scheidet es Jod aus (diff. $SnCl_4$). Alkalilauge fällt aus sauren Sb^5-Lösungen $HSbO_3$, dessen K-Salz unter heftiger R. auch bei Erhitzen von Sb mit KNO_3 entsteht. Wie bei As und P sind außer dieser meta- auch eine ortho- und pyro-Säure (S. 120) bekannt: Beim Schmelzen von Sb_2O_5 mit KOH und Lösen in wenig H_2O entsteht das Pyrosalz $K_4Sb_2O_7$, das mit viel heißem Wasser in $K_2H_2Sb_2O_7 + 2\,KOH$ gespalten wird. Dieses lösliche saure Pyrostibiat bildet mit $Na^{\cdot}$ das entsprechende unlösliche Na-Salz und dient als Reagens für Na (zu besserem Absitzen fügt man Alkohol zu). Bei sehr langem Kochen geht das Pyro- in ortho-Salz KH_2SbO_4 über. Hydrolyse des letzteren liefert die freie Säure H_2SbO_4.

Über SbH_3 vgl. S. 75 bei As.

Arsen. Verbindungstypen, Verhalten des Metalls gegen S. u. a. vgl. S. 67. — As zeigt fast nur Metalloid-Charakter. Alle seine stark giftigen Vbdgg. sind reduzierbar zu braunem oder schwarzem, in der Hitze leicht flüchtigem, nach Knoblauch riechendem As, z. B. bei Glühen mit Kohle, organischen Stoffen, Cyankalium [1]) und Metallen, in salzsaurer Lösung durch Bettendorfs Reagens (H_2SnCl_4) Hypophosphite (S. 123) oder mit Cu-Metall (zu Cu-arsenid); Zink reduziert teilweise weiter zu gasigem, ebenfalls nach Knoblauch riechendem AsH_3 (S. 75). Beim Erhitzen mit trockenem Na-Acetat und Soda entsteht stinkendes, gasiges Kakodyloxyd $As_2O_3 + 4\,CH_3COONa \rightarrow [As(CH_3)_2]_2\,O + 2\,Na_2CO_3 + 2\,CO_2$. Bei Erhitzen sublimieren O- und S-Vbdgg. als As^3-Vbdgg. Aus Arsensäure H_3AsO_4 erhält man dabei, ohne die Pyro- und Metastufe (S. 120, Tabelle) isolieren zu können, erst As_2O_5, das schließlich in $As_2O_3 + O_2$ dissoziiert. As_2S_5 verbrennt zum Teil zu $As_2O_3 + SO_2$. Bei Erhitzen mit NH_4Cl verflüchtigt sich As ebenfalls, als Chlorid (vgl. unten) oder Oxyd der 3-wertigen Form. Arsenate verändern sich beim Erhitzen analog den Phosphaten (S. 120), Arsenite entweder wie Carbonate in $As_2O_3 + MeO$, oder (auch in Lösung vgl. unten) ähnlich Oxalaten edler Metalle in As_2O_5 und Me

[1]) As-sulfide nur durch dieses, nicht durch Kohle.

(S. 79) oder [1]) in Arsenat + As : 5 $As^3 \rightarrow 3 As^5 + 2 As^0$ (Gefahr bei As-haltigen Sodaschmelzen im Pt-Tiegel). — As^3-Vbdgg. reduzieren, sind aber nicht autoxydabel (82, Akg. 2), und ähneln Sb-, Al- und B-Vbdgg.; As^5-Vbdgg. oxydieren und ähneln sonst Sb^5- und P^5-Vbdgg. [2]). Beide Oxydstufen bilden charakteristische unlösliche Vbdgg. (S. 74). As gehört daher zu den leicht auch in Spuren nachweisbaren El'en (Tabelle S. 75).

Die Fällungen der As-Sulfide [3]) sind sehr von den Bedingungen abhängig. In schwach sauren As^3-Lösungen gibt H_2S zunächst nur eine gelbe kolloidale Lösung von As_2S_3, die erst ausgeflockt wird durch Elektrolyt-Zusatz [4]) (z. B. mit 2 n-HCl; nicht mit E. S.). — As_2S_5 fällt a) aus kalten, sehr stark salzsauren As^5 enthaltenden Lösungen [5]), b) aus mäßig sauren Lösungen bei 60—70° durch einen schnellen H_2S-Strom vollständig aus. Unter anderen Bedingungen [6]) tritt Reduktion ($As^5 \rightarrow As^3$) ein, besonders in der Siedehitze und man erhält As_3S_3, As_2S_5 und S in wechselndem Verhältnis.

Arsentrioxyd, As_2O_3, sog. Arsenige Säure, farblos, in 2 Formen bekannt, kristallisiert oder als amorphes Glas, in Alkohol n. l. [diff. $B(OH)_3$]; gibt mit H_2O, zuerst lange unbenetzt darauf schwimmend [wie $B(OH)_3$] langsam eine bis ca. 2 %ige, nur schwach sauer reagierende Lösung, die offenbar Hydrate enthalten muß. Leichter löst sich As_2O_3 in HCl (S. 66, Akg. 2 u. 124, Akg. 1); besonders aber in OH-haltigen Flüssigkeiten zu Alkali-Salzen vom Typus $XAsO_2$, während die durch Fällung erhältlichen Salze der schwereren Metalle der ortho-Formel X_3AsO_3 entsprechen. — Die Löslichkeit von As_2O_3 ist genügend gering, daß es z. B. durch Oxalsäure oder wenig HCl aus seinen Salzlösungen gefällt werden

---

[1]) Schon bei Eindampfen von As_2O_3 mit starker Lauge. — $CuHAsO_3$ vgl. S. 51.

[2]) Über Arsenide vgl. S. 68.

[3]) Vgl. Bd. II, S. 70, A. 5.

[4]) Auch bei Schütteln mit feinen Pulvern, wie $BaSO_4$, wird es durch „Adsorption" gefällt. Schließlich nach langer Zeit auch spontan.

[5]) $AsCl_5$ kann darin als vorhanden angenommen werden (S. 66).

[6]) Die Lösungen enthalten dann Gleichgewichte von As^5 und AsO_4''', wobei intermediär entstehende Monothio-arsensäuren H_3AsSO_3 und deren Dissoziation in H_3AsO_3 und S eine Rolle spielen.

kann (l. im HCl-Überschuß). H_2SO_4, HNO_3 und E. S. fällen erst nach langem Stehen. — Die stark alkalisch reagierenden Alkaliarsenite geben Fällungen mit Pb-, Hg-, Cu-, Ag, Fe^3-, Ca-[1]) und Mg-salzen, deren Löslichkeit (z. T. auch in NH_4-Salzen und in As_2O_3-Überschuß) ganz ungefähr der der Carbonate oder Sulfite entspricht[2]). Das Fe^3-Salz ist genügend unlöslich, daß $Fe_2(SO_4)_3$ + MgO als Gegengift für As_2O_3 dient. Erhitzt man die farblose NH_3-Lösung des eigelben Ag_3AsO_3, so fällt Ag aus, während gleichzeitig Arsenat entsteht. $As^3 \rightarrow As^5$ verbraucht 2 W; $3\,Ag^{\cdot} \rightarrow 3\,Ag^0$ liefert 3 W, so daß $^1/_3$ des Ag nicht reduziert wird:

$$3\,Ag_3AsO_3 + 6\,NH_3 + 3\,H_2O \rightarrow Ag_3AsO_4 + 2\,(NH_4)_3AsO_4 + 6\,Ag.$$

[Über Cu-Arsenit $CuHAsO_3$ (Scheeles Grün) vgl. S. 51.]

Oxydationsmittel aller Art oxydieren As^3 zu As^5. Die R. zwischen Jod und As_2O_3 ist umkehrbar: $As_2O_3 + 2\,J_2 + 2\,H_2O \rightleftarrows As_2O_5 + 4\,HJ$; in alkalischer Flüssigkeit vollständig im Sinne $\rightarrow$, wobei man aber mit $NaHCO_3$ alkalisch macht, weil stärkeres Alkali seinerseits Jod verbrauchen würde. Maß-analytische Bestimmung von As^3 mit J (vgl. S. 86, A. 2).

Arseni-Vbdgg. Arsenate geben die R'en der Phosphate, besonders den gelben Mo-Niederschlag (schnell nur in der Hitze) und das NH_4-Mg-Doppelsalz, das beim Erhitzen Pyrosalz bildet (vgl. S. 22). Als unterscheidendes Merkmal zwischen P^5 und As^5 dient die rotbraune Farbe des Ag-Arsenats, die Fällbarkeit als gelbes Sulfid und schließlich Oxydations-Reaktionen, z. B. mit HJ, SO_2, H_2S, $FeCl_2$, $SnCl_2$, u. a. Die Löslichkeit der in der Mehrzahl unlöslichen Salze gleicht ganz der der Phosphate (Bleiarsenat ist im Unterschied zum Arsenit unlöslich in Essigsäure). H_3AsO_4 ist eine etwas schwächere S. als H_3PO_4.

H-Verbindungen von As, Sb. — Proben nach Marsh, Gutzeit u. ä. Nachweis von As als AsH_3. — Wie naszierender

---

[1]) Fällungen mit Ba-, und noch mehr mit Sr-Salz treten nur sehr allmählich ein.

[2]) Daher bleibt die Fällung mit freier As_2O_3 in der Regel aus.

Wasserstoff manche unlösliche Vbdgg. erster Ordnung, z. B. AgCl, HgS, SnO_2 aufschließt [1]) zu Metall u. H-Vbdgg. von Cl, S u. O, so führt er in die Hydridstufe über Vbdgg. von As, Sb, N und manche von S und P, eventuell auch die betr. Elemente selbst. Je nachdem H_2 sauer oder alkalisch entwickelt wird, entsteht NH_4-Salz oder NH_3; HCl oder KCl, H_2S oder K_2S. Außerdem zeigen sich folgende Unterschiede:

	$Zn + H^{\cdot}$	$Al + OH'$	$Zn + OH'$
As-Vbdgg.	+	+	+
Sb-Vbdgg.	+	—	+
Phosphit, Hypophosphit	+	+	—
Vbdgg. m. disponibl. S [2])	+	+	—
Sulfite	+	—	—
Sulfide	+	—	—

Die H-Vbdgg. brennen bei As [3]) mit fahlblauer, bei Sb mit bläulichgrüner, bei Sn mit leuchtend blauer (S. 67, Akg. 1), bei P mit grüner Flamme und ähneln sich im Geruch (lauchartig). Kühlt man durch Hineinhalten von kaltem Porzellan die Flamme ab, so scheidet sich darauf ein „Ruß" von As oder Sb ab (beim Betupfen mit NaOCl wird As zu farblosem Arsenit oder Arsenat oxydiert. $AgNO_3$ erzeugt dann nach vorsichtiger Wegnahme des Alkaliüberschusses das charakteristisch gefärbte Ag-Salz.) [Mit Al + KOH kann nur AsH_3 (ev. neben PH_3 u. SH_2) entstehen.] Erhitzt man das Gas an einer verengten Stelle im Ausströmungsrohr, so scheidet sich dort ebenfalls Metall aus. Sb erscheint dabei samtschwarz, As grauglänzend. Die entweichenden Gase, durch Waschen mit KOH von H_2S, mit Säure von NH_3 befreit, erzeugen mit $AgNO_3$ oder $HgCl_2$ gefärbte Vbdgg. (bei As und P gelb, bei Sb braun; mit mehr H_2O Schwarzfärbung durch Hydrolyse). Einfacher als die geschilderte As-Probe nach Marsh (die einen eigenen Apparat erfordert) ist die nach Gutzeit: auf das Reagierglas, in dem Sz. u. reduzierende Flüssigkeit ist, setzt man 1 Papierfilter (ohne Trichter), in dessen Spitze ein winziger $AgNO_3$-Kristall minimal mit H_2O durchfeuchtet, liegt. Entweichendes AsH_3 (von

---

[1]) Vgl. II, 36.

[2]) Z. B. Thiosulfat, höhere Thionate, „Hyposulfit", Rhodanid, Sulfostibiat.

[3]) Unerläßliche Prüfung der Reagentien Zn und HCl betreffend vgl. S. 68, Akg. 2. Ebenso darf verwendeter Zinkstaub nicht (wie oft der Fall) mit NaOH alkalisch reagierende Gase entwickeln.

ev. H_2S u. NH_3 befreit) erzeugt gelbes Silber-Arsenid, das mit H_2O schwarz wird:

$$4\,Ag_3As + 3\,HOH \rightarrow 12\,Ag + 2\,AsH_3 + As_2O_3$$

As-Metall u. As-Sulfide reagieren nicht nach Marsh oder Gutzeit. Mit trocknem Na-formiat erhitzt geben aber auch sie AsH_3.

Komplexe metallhaltige Anionen [Anlagerungsvbdgg.[1]).

Saure u. amphotere Oxyde u. Hydroxyde (z. B. von Al, Pb) lösen sich in Alkalihydroxyden; Sulfide von As u. a. in Alkalisulfiden (vgl. S. 64 u. 106 unten), Halogenide schwererer Metalle oft im Überschuß konz. Lösgg. stark dissoziierter Halogenide [H[2]). Alk., Ca, Mg], ebenso Cyanide, Rhodanide, Thiosulfate, Pyrophosphate, Sulfite, Nitrite, Tartrate, Oxalate, Citrate u. a.[3]) in den entsprechenden Alkalisalzen. — Alkalilauge löst aber nicht nur $Pb(OH)_2$, sondern viele unlösliche Pb-Salze: $PbSO_4 + 4\,KOH \rightarrow K_2SO_4 + Pb(OK)_2 + 2\,H_2O$. In alkalischer Lösung lösen daher Alkalicyanide, -thiosulfate, -tartrate[4]) oft unlösliche Me-Oxyde oder -Salze, oder hindern ev. deren Fällung. Eine bereits vorhandene unlösliche Vbdg. zu lösen pflegt mehr Lösungsmittel zu erfordern, als ihre Fällung zu verhindern (II, 8). Mit Änderung der Löslichkeit[5]) k a n n einhergehen solche des analytischen Verhaltens, der Farbe[6]), der Reaktion auf Indi-

[1]) Literatur vgl. S. 13, Akg. 2. — Komplexe Kationen vgl. S. 13 und 80 und S. 121. — Iso- u. Hetero-Polysäuren vgl. S. 36, Akg. 1.

[2]) Wenn eines der Metalle H ist, d. h. bei den sauren Salzen (auch einbasischer!) Säuren z. B. $K(HF_2)$, $K[H(JO_3)_2]$ ist Neigung zur Komplexbildung ersichtlich: Dissoziation zuerst vorwiegend nach $MHX_n \rightarrow M + HX_n$ oder $H + MX_n$, je nachdem M positiver oder negativer ist als H: $K_2HAsO_3 \rightarrow K_2 + HAsO_3$; $CuHAsO_3 \rightarrow H + CuAsO_3$ (vgl. S. 51). — Vgl. KHF_2 (neutral reagierend) und K(HO).

[3]) Carbonate von Cu und Zn lösen sich in konz. K_2CO_3-Lösung. — Elektrolyt. AX lagern sich dabei an wenig dissoziierte (einfach komplexe) Vbdgg. BX an, u. bilden höhere Komplexe: $AX + BX \rightarrow A(BX_2)$. Vgl. S. 77, A. 3.

[4]) Viele Salze schwerer Metalle — (wenn sie nicht allzu unlöslich sind wie Sulfide oder Ferrocyanide) lösen sich in alkalischer Tartratlösung; Al und Cr-hydroxyd oder Phosphat können auf diese Weise oder mit Oxalat aus dem $(NH_4)_2S$-N'e herausgelöst werden. — Löslichkeit unlöslicher Pb-Salze in alkalischer Acetatlösung, von Pb_3O_4 in Eisessig, von Fe_2O_3 (Rost) u. a. unlöslichen Fe^3-Vbdgg. (Berlinerblau) in Oxalsäure. Unlösliche Sn^4 und Sb-Vbdgg. lösen sich auch in freier Weinsäure (Unterscheidung von SbOCl und BiOCl).

[5]) Die Änderung der Löslichkeit kann auch negatives Vorzeichen annehmen: K-Co-nitrit (S. 44), K-Bi-thiosulfat (S. 9), Cd-NH_3perchlorat (S. 97, A. 4).

[6]) Bei Cr, Fe, Ni, Co, Cu Salzen. — Farbänderung (und -Verstärkung) bei Fe, Co, Cu-Salzen durch Zusatz überschüssiger konz. HCl. Fluoride entfärben den blutroten $Fe(CNS)_3$- im Gegensatz zu dem blauen Co-

katoren [1]) u. Flüchtigkeit [2]). Solche Gemische zeigen also oft nicht mehr, oder nur geschwächt, das Verhalten der Komponenten additiv, dagegen „individuelle" Eigenschaften [3]). Es können dabei bestimmte einfache Ionen (und ihre R'en) nahezu unabhängig von äußeren Einflüssen ganz verschwinden, wie es der Fall ist bei Alkali-Ferro-, -Ferri- u. -Co^{3}-cyaniden (typische Komplexsalze; zeigen individuelle R'en der Komplexionen; Rückbildung der einfachen Ionen nur durch gewaltsame Mittel wie konz. H_2SO_4, oder starkes Erhitzen der Sz.). Ein in festem Zustand homogene Kristalle bildendes „Mischsalz"

rhodan-Komplex unter Bildung des noch stärkeren, kryolithähnlichen FeF_6-Komplexes. Besonders auffällig ist die tiefblaue Farbe vieler Cu-Komplexe (Kationen wie Anionen), wie sie entstehen bei Zusatz von NH_3, alkalischer Tartratlösung, Glycerin, Zucker und auch in den Lösungen des Carbonats in Soda, des Hydroxyds oder Arsenits in Lauge. Der Cu-thio-Komplex (S. 49, A. 4) ist fast farblos. Der Cu- und HCO_3-haltige (Ostsche Lösung) grün. Da $CuSO_4$ farblos ist, so sind die bekannten R'en der farbigen Salzlösungen solche komplexer (Cu . H_2O)-Ionen. „Aquo-Salze" (S. 23 unten). Vgl. Hydroxonium- u. Ammonium-Salze $NH_3 . H^{\cdot}ClO_4$ u. $OH_2H^{\cdot}ClO_4$ (S. 96, A. 3 u. Hofm., S. 206).

[1]) Durch Indikator-R. kenntliche Komplexbildung: Neutrale R. von NaCl + $HgCl_2$; Al-Salz + K-oxalat; $Fe^{\cdot\cdot\cdot}$-Salz + KCN; saure von Borax + Glycerin. — HCl bildet neutrales $H(NH_3)Cl$. — Gemische von PbO + Thios., HgO oder CdO + KJ, $Mg_3(PO_4)_2$ + K-oxalat, Borax (od. Bor-S.) mit sauren Fluoriden reagieren stark alkalisch

$$PbO + 2\,Na_2S_2O_3 + H_2O \longrightarrow Na_2[Pb(S_2O_3)_2] + 2\,NaOH$$
$$B(OH)_3 + 2\,KHF_2 \longrightarrow KBF_4 + KOH + 2\,HOH$$
$$Al(OH)_3 + 2\,K_2C_2O_4 \longrightarrow K_3Al(C_2O_4)_2O + KOH + H_2O$$

Fällung von Aluminatlösung durch Bicarbonat $KHCO_3 + OAlOK = KOAlCO_3 + KOH$. Betr. Millons Base vgl. S. 14. Weinstein macht aus $CaSO_4$ „Schwefelsäure frei"

$$2\,KH(C_4H_4O_6) + 2\,CaSO_4 \longrightarrow 2\,Ca(C_4H_4O_6) + K_2SO_4 + H_2SO_4$$

Ca-tartrat l. in kalter NaOH und konz. Alkalitartratlösg. (Vgl. S. 20.)

[2]) NaCl-Zusatz hindert die Flüchtigkeit der Chloride von $Hg^{\cdot\cdot}$, $Sn^{\cdot\cdot\cdot\cdot}$ u. a. mit H_2O-Dampf.

[3]) Es ist physikalisch-chemisch nachweisbar (Verringerung der Ionen und Molekelzahl; Wandern des schweren Metalls an die Anode), daß die Erscheinung, auch wenn nicht alle jene Kennzeichen zugleich zu beobachten sind, überall von gleicher Art ist: Durch Zusammenlagerung solcher gleichioniger Vbdgg. bzw. durch Anlagerung des Anions der einen an undissoziiertes Mol. der andern, entsteht (evtl. unter Abspaltung von H_2O u. ä.) ein neues Salz mit „komplexem" metallhaltigem Anion: $2\,KJ + HgJ_2 \longrightarrow K_2[HgJ_4]$ || $K_2C_2O_4 + Zn(C_2O_4) \longrightarrow K_2[Zn(C_2O_4)_2]$. || $2\,KH(C_4H_4O_6) + Sb_2O_3 = 2\,K(C_4H_4O_6)SbO + H_2O$. Der Oxalat- oder Tartrat-Rest ersetzt also den Sauerstoff (= Wasser-Rest) eines Zinkates oder Antimonites (S. 71, A. 1) und wie etwa Aluminate durch Al-Salze gefällt werden (vgl. S. 27 oben), so wird oft beim Zusammentreffen desselben Metalls als Kation und als Anion Fällung eintreten: $KAg(CN)_2 + AgNO_3 \longrightarrow 2\,AgCN + KNO_3$, — weniger dissoziierbare Stoffe wie CdJ_2, $CoCl_2$, $CuCl_2$ werden, weil in Lösungen z. T. dimolekular, auch aufgefaßt als „autokomplexe" Salze: $Cd(CdCl_4)$. Sie können dem vorhergenannten $Ag[Ag(CN)_2]$ an die Seite gestellt werden.

kann andererseits in Lösung ganz in die Komponenten bzw. deren Ionen gespalten werden und alle ihre R'en zeigen: typische Doppelsalze (z. B. Carnallit, Dolomit, Alaune u. a.) [1]). Es können schließlich alle Zwischenstufen zwischen diesen beiden Extremen auftreten, wobei Gleichgewichte anzunehmen sind, für die die bekannten Gesetzmäßigkeiten gelten. Die Komplexbildung wird gefördert durch tiefe Temperatur, hohe Konzentration bzw. Verminderung dissoziierender Mittel wie H_2O [2]) und Überschuß der „basischen" Komponente [3]). Außerdem kommen in Betracht spezifisch chemische Eigenschaften [chemischer Gegensatz der Komponenten: je näher die Metalle in der Spannungsreihe stehen, um so mehr überwiegt der Doppelsalz-Charakter; schwache Ionenbildner [4]) oft starke Komplexbildner und umgekehrt]. Auch die R. der Lösung spielt oft eine Rolle: bei einigen begünstigt starke OH-, bei andern starke H-Konzentration: Bildung von $Fe(CNS)_3$ und Phosphor-Molybdat in stark saurer, von $FeCy_6$ in alkalischer Lösung; starke Alkalität von Fehlings- und Neßlers Reagens (S. 50 u. 54) [5]). In den betr. Bildungsgleichungen kommt H oder OH nicht vor (vgl. Classen, Analyse, Bd. 2, 669). Die Erhöhung der „Stärke" von Säuren u. Basen durch Komplexbildung zeigt die Gegenüberstellung

HCN ——— HCNS u. HCNO
HCl ——— $HClO_4$
H_2S ——— H_2SO_4
HgO ——— Millons Base (S. 14)

Komplex-spaltungen: 1. durch allgemein dissoziierende Mittel wie viel H_2O und hohe Temperatur. 2. durch R'en, bei denen Ionen durch Bildung sehr unlöslicher oder noch komplexerer Vbdgg. verschwinden [$Fe(CNS)_3 + 3\,KF \rightarrow FeF_3 + 3\,KCNS$; Zersetzung vieler komplexer Metall-Anionen durch Fällung als Metallsulfide]. Besonders auch wenn beide „Dissoziate" des Kom-

[1]) Viele solche Doppel-Vbdgg. beider Arten kommen vor in der Natur, oder künstlich als Reagentien oder Medikamente. — CO_3 und PO_4 sind in den Knochen, mit Fluor zusammen in den Zähnen in besonders enger Vbdg. enthalten (Rose). Doppelsilikate (vor allem Alumosil.) vgl. S. 126, A. 3.

[2]) Oft entstehen die Komplexe bei Zusatz von Alkohol oder sind l. in organischen Solvenzien (z. B. Amylalkohol). In diesen lösen sich die undissoziierten Stoffe, aber nicht Ionen.

[3]) Werner redet von „basischem" Halogenid (z. B. KJ), im Gegensatz zum „sauren", das er auch Halogensäure-Anhydrid nennt (z. B. HgJ_2).

[4]) CN, F und J sind Bildner stärkerer Komplexe als Br und Cl, oft auch als Sauerstoff. — Fluoraluminate, -borate, -silikate. — Mn" betr. vgl. S. 38, A. 1.

[5]) Alkalophile u. acidophile Komplexe.

plexes „weggefangen" werden (gekoppelte R'en, um unlösliche oder noch komplexere Vbdgg. einzugehen: $K_4[Fe(CN)_6] + 3\,HgO + 3\,H_2O \rightarrow 3\,Hg(CN)_2 + Fe(OH)_2 + 4\,KOH$. — $K[Cr(C_2O_4)_2] + 2\,CaCl_2 + 3\,NH_4OH \rightarrow 2\,CaC_2O_4 + Cr(OH)_3 + 3\,NH_4Cl + KCl$. 3. Fällbarkeit durch Säure oder Alkali: von Al, Fe, Cr aus OH-tartrat-Lösung durch Phosphat und Essigsäure, von Brechweinstein mit HCl als SbOCl; Löslichkeit von NH_4-P-molybdat in OH-Lösungen S. 121 unten). 4. durch R'en, wo bei Zerfall sich ein Teil des Anions (z. B. As^3 oder Zucker) oxydiert auf Kosten des andern (z. B. $Cu^{\cdot\cdot}$): Aus der dunkelblauen Cu-tartrat- oder -Glycerin-Lösung (Fehling-Lösung) fällt beim längeren Aufbewahren rotes Cu_2O; aus dem Cu-Zucker oder $CuAs^3$-Komplex sofort beim Kochen. Beim Erwärmen alkalischer Ag-tartrat-Lösung entsteht ein Ag-Spiegel. Cu und Ag-oxalat zerfällt beim Erhitzen in CO_2 + Metall. — K.-ferrioxalat bildet im Licht CO_2 und Ferrosalz. — $HgCl_2$ + Ammonoxalat (Edersche Flüssigkeit) scheidet im Licht HgCl aus (Photometer)[1]. —

In der Analyse dient Komplexbildung:

1. um größere El.-Gruppen in kleine zu teilen, so die in NH_3- oder in NaOH-Überschuß löslichen von den darin unlöslichen,

2. wenn der Einbau des nachzuweisenden X in einen Komplex eine spezifische Wirkung auslöst, so z. B. $Cu^{\cdot\cdot}$ mit NH_3, $Fe^{\cdot\cdot\cdot}$ und $Co^{\cdot\cdot}$ mit CNS', NO_3' als $FeNOSO_4$ (vgl. B. 62, 1897),

3. um von 2 gleicher R. fähigen Bestandteilen, für die es keine sicher spezifischen R'en gibt, einen reaktionsunfähig zu machen (zu „maskieren") — in der Regel ein Kation in anionische Bindung zu bringen, um so den anderen nachweisen zu können. So weist man Ni bequem nach, wenn vorhandenes Co in $Co(CN)_6'''$ verwandelt ist (II, 101). Hierher auch die Trennung von Cu und Cd mit KCN u. H_2S (II, 80).

Hauptsächlich besteht aber auch Interesse, Komplexbildung der Metalle zu verhüten, bzw. vorhandene zu zerstören, wenn die Bildung der gewollten N'e vereitelt ist durch Einbau des Metall-Kations in ein komplexes Anion. Besonders in nichtsaurer, bzw.

[1]) Die Beständigkeit der einzelnen Komplexe ist überaus verschieden. Von den Doppelcyaniden z. B. zersetzt sich die Mn-Verbindung schon mit viel heißem H_2O. Die Fällung von $Cu^{\cdot\cdot}$ mit H_2S, etwas schwerer die von Zn-Salz, kann durch KCN ganz gehindert werden. (Diff. Cd, Ag, Ni.) Durch starke Lauge + H_2S wird eine solche zyankalische Zn-Lösung merkwürdigerweise sofort gefällt. — Mit stärkeren Säuren erhält man, statt der komplexen Cyanmetallsäuren, HCN und die Metallcyanide, die auch ihrerseits ev. durch Säureüberschuß unter HCN-Entwicklung in Lösung gehen. Von Fe und Co^2 sind die freien Säuren erhältlich, die beim Destillieren mit dil. H_2SO_4 aber ebenfalls HCN geben. (Vgl. S. 93.)

alkalischer Lösung kann dies eintreten bei Gegenwart von Tartrat, Oxalat u. a. organischen Sz'en, vor allem gilt dies für die komplexen Cyanide von Fe u. Co'''. — Immerhin stört Komplexbildung den Kationennachweis doch weniger als zu erwarten, weil die meisten Metalle im üblichen Gang der Analyse zuerst als Sulfide abgeschieden werden, was auch aus stark komplexen cyan-, tartrat- usw. haltigen Lösungen meist vollständig geschieht. [Ausnahmen: Viel Oxalat hindert die Abscheidung von Sn, viel Jodid die von Cd, viel Cyanid die von Cu und besonders von Fe und Co[3].] Die normalerweise mit $(NH_4)_2S$ als Hydroxyde gefällten Al u. Cr dagegen bleiben bei Gegenwart mancher organischer Komplexbildner gelöst, und sogar alkalische Erden können, besonders durch Zitrate, der vollständigen alkalischen Fällung entgehen (Gegenmaßregeln bei Durchführung des Analysenganges vgl. II, 79 ff.). Beispiele für gegenseitige Störung von Anionen-R'en: PO_4-Mo-R. durch Tartrate, Oxalate, Ferrocyanide; Ätzprobe für F durch Borat; Borsäure-R. durch Tartrate u. a. m. Vgl. II, 60, 2.

Wie basische oder kaum amphotere Hydroxyde (Cu, Bi) Bestandteile von Anionen, so können auch negative Reste Bestandteile von Kationen werden: Lösungen von AgJ in $AgNO_3$: $Ag_3J(NO_3)_2$; von Ca-borat in $CaCl_2$; Komplexe Cl und SO_4-haltige Kationen von Cr (vgl. S. 23 unten) Acetat mit Al, Fe, Pb (S. 27 und 60, Akg. 3).

Peroxyd-Verbindungen. Superoxyde und Per- oder Übersäuren nennt man Vbdgg., die mehr Sauerstoff enthalten als den gewöhnlichen Oxyden und Säuren entspricht. Sie wirken meist stark oxydierend, geben beim Erhitzen Sauerstoff ab, mit konz. HCl Chlor (Ausnahme $HClO_4$), mit konz. H_2SO_4 ozonhaltigen Sauerstoff [1]). Man muß zwei Klassen unterscheiden: PbO_2 und $HMnO_4$ sind Beispiele der einen, Na_2O_2 und HBO_3 Perborsäure solche der andern. Nur die letztgenannten „Per-Basen" u. „Per-Säuren" u. „Per-Salze" [2]) geben R'en, die denen von H_2O_2 mehr oder weniger gleichen, und sind auch oft überführbar in H_2O_2 oder aus ihm zu gewinnen. Mit kalter dil. H_2SO_4 geben sie z. B. H_2O_2 und werden daher als Derivate davon aufgefaßt und mit der für H_2O_2 typischen Sauerstoffbrücke —O—O— formuliert. Hierher

[1]) Nachweis durch Schwärzung eines blanken, feuchten Ag-blechs.

[2]) Von echten Persäure-Salzen z. B. Perborat zu unterscheiden sind Salze der einfachen Säuren, die H_2O_2 kristallwasserartig gebunden enthalten („Perborax").

gehören z. B. a) Na, Ag, Ba, Mg, Zn u. ä. „sekundäre H_2O_2-Salze“ stärkerer Basen (weniger das primäre Salz $NaHO_2$ ist bekannt); b) $TiO_3 \cdot aq$. Titanperoxyd (amphoter); c) von Persäuren entsprechen dem primären Typ Perborate OB—O—OX und Perchromate $XCrO_5$, dem sekundären die Percarbonate (CO_2H)—O—O—(CO_2H), die schon beim Lösen in H_2O zerfallen in Carbonat und H_2O_2. Persulfate und phosphate gibt es von beiderlei Art. Die primäre Vbdg. SO_3H—O—OH „Carosche Säure“ oxydiert stärker als die sekundäre „Perschwefelsäure“ $H_2S_2O_8$ (= HO_3S—O—O—SO_3H). Zu erwähnen sind noch die mehrere solche —O—OH-Gruppen enthaltenden Perchromsäuren, vgl. S. 30 u. 37, A. 1. Von „unechten“ Superoxyden und Übersäuren sind zu nennen PbO_2 und MnO_2; $HMnO_4$, $HClO_4$. Sie sind nicht überführbar in H_2O_2. — Die Oxyde sind löslich in Säuren, nur wenn diese reduzieren wie HCl oder HNO_3 + Oxalsäure oder H_2O_2 [1]) u. ä. — Starke Farbe, wie das Gelb der Titan- und einer Molybdän-, oder das Blau der Cr-Per-Verbindung macht deren sehr leicht erfolgende Bildung zum Nachweis schon von Spuren von H_2O_2 und Derivaten geeignet [2]). Die mittlere „Oxydationsstufe“ der Reihe O_2, O_2H_2, OH_2 hat oxydierende und reduzierende Eigenschaften, wie es bei wenig Vbdgg. ähnlich der Fall ist [3]). In alkalischer Lösung überwiegt die oxydierende, in saurer Lösung oft reduzierende Wirkung. Alle echten „Per-Vbdgg.“ geben leicht Sauerstoff ab, besonders im Licht und bei trockenem Erhitzen oder in OH-haltiger heißer Lösung (schon das Alkali des Glases fördert diese Zersetzung) oder bei Gegenwart von Katalysatoren. Säuren, Cyanide, Rhodanide und manche organischen Substanzen (z. B. Harnstoff) hemmen die Zersetzung (Katalysatorgifte). Positive Katalysatoren („Katalasen“) sind z. B. fein verteilte, besonders auch edle Metalle (Pt), Ag_2O, Superoxyde (unechte), Blut, Milch, ferner allgemein Stoffe

[1]) $MnO_2 + H_2O_2 + 2\,HNO_3 \rightarrow Mn(NO_3)_2 + O_2 + 2\,H_2O$.

[2]) Man verwendet die aus Titansäure TiO_2 mit konz. H_2SO_4 hergestellte Titanschwefelsäure (= Titanylsulfat $TiOSO_4$), andererseits Ammonmolybdat (genau wie bei der PO_4-Prüfung). Betr. Cr-Reaktion vgl. S. 37 unten.

[3]) Vgl. S. 99 (Nitrit) u. II, 57 (Hydrazin u. Hydroxylamin).

mit rauhen Oberflächen (SiO_2). Durch Na_2O_2 oder H_2O_2 + NaOH werden Metallsalze als höchstwertige Oxydhydrate gefällt (Pb, Mn, Co; nicht Ni), die beim Entstehen gleichzeitig überschüssiges H_2O_2 katalytisch zersetzen. (!) Weitere R'en vgl. Tabelle (S. 83). Die Oxydation oxydierbarer Stoffe durch Sauerstoff („Aktor") wird häufig durch Anwesenheit eines dritten Stoffs („Induktor"), z. B. H_2O, stark begünstigt[1]). Dabei bilden sich Peroxyde des Induktors, die die Hälfte ihres Sauerstoffs an die oxydable Sz .(den „Akzeptor") wieder abgeben (gekoppelte Reaktionen)[2]). Solche hoch oxydierten Zwischen-Verbindungsstufen sind allerdings oft nicht isolierbar. — H_2O_2 in reiner Form ist eine höher als H_2O siedende, lakmussauer reagierende, in Äther lösliche Flüssigkeit, farb- und geruchlos, von eigenem Geschmack, der als herb, schrumpfend oder rauchig bezeichnet wird. Im Laboratorium gebraucht man eine 3 oder 30 %ige Lösung.

	Super-oxyd Fällung aus Mn, Pb, Co Salz	Blaue Per-chrom-säure R.	Abscheid. von Jod aus KJ	Abscheid. von Jod aus KJ + Säure	TiO_2 Reak-tion	Perman-ganat Ent-färbung
Perborat	+	+	—	+	+	+
Percarbonat	+	+	—	+	+	+
Persulfat [3])	+	—	langsam +	+	—	—
Carosche Säure			+	+		
Perphosphat						

R'en der Persäuren (vgl. auch S. 83 und B. 44, 3589). — R'en von Hydrazin und Hydroxylamin vgl. II, 57.

Halogenide: Chlorid, Bromid, Jodid (Cl', Br', J'). Fluoride nehmen eine Sonderstellung ein und werden besonders besprochen (S. 88). Zyanide und Rhodanide (S. 90 u. 91) ähneln in vielem den Halogeniden („Pseudohalogenide"). Die Bromide stehen im allgemeinen den Jodiden näher als den Chloriden. — Farbig sind von Chloriden nur die von

[1]) Vgl. Lehrbücher z. B. Hollemann, Hofmann (S. 77) u. a.

[2]) Beim Schütteln von Zn-Staub mit H_2O u. Luft bildet sich z. B. etwas H_2O_2. (C. 28, II, 962.) Vgl. auch S. 93, Akg. 1. — Na-arsenit ist wenig, Na_2SO_3 leicht oxydabel durch Luft; im Gemenge oxydieren sich beide.

[3]) Persulfate geben mit Ba" erst bei Erhitzen einen N. (II, 136).

H_2O_2 wirkt wenn die Reaktion ist	oxydierend		reduzierend bei H_2O_2 Überschuß	
	alkalisch	sauer (H_2SO_4 od. HNO_3)		nicht sauer bzw. alkal.
	Bleichung von Farbstoffen, z. B. Indigo [1]			
	$Cr^3 \rightarrow Cr^6$	$Cr^6 \rightarrow Cr^7$	$Cr^7 \rightarrow Cr^3$ (S. 38)	
	$Mn^2 \rightarrow Mn^4$ $Pb^2 \rightarrow Pb^4$		$Mn^7 \rightarrow Mn^2$ (S. 42) MnO_2 } mit nicht reduzierender Säure gelöst } $Mn^{\cdot\cdot}$ PbO_2 } … } $Pb^{\cdot\cdot}$	$Mn^7 \rightarrow Mn^{\cdot\cdot}$-Manganite
	$Fe^{\cdot\cdot} \rightarrow Fe^{\cdot\cdot\cdot}$	$Fe^{\cdot\cdot} \rightarrow Fe^{\cdot\cdot\cdot}$	$Fe^{\cdot\cdot\cdot} + K_3Cy_6Fe$: Blaubildung (sehr schwach sauer)	$Fe(CN)_6''' \rightarrow Fe(CN)_6''''$ (S. 93)
	$Co^{\cdot\cdot} \rightarrow Co^{\cdot\cdot\cdot}$			
				$AgCl \rightarrow Ag$ (II, 37, A. 6)
		$Hg^{\cdot} \rightarrow Hg^{\cdot\cdot}$		$HgX_2 \rightarrow Hg$ (langsam)
		Halogd. → freies Hal. b. J′ sofort, bei Br′ langsam	—	$ClO_2 \rightarrow$ Chlorite
			$2\,BrO_3' \rightarrow Br_2$ (langsam)	freies Halogen bzw. Hypo-ite → Chloride
			$2\,JO_3' \rightarrow J_2$ (sehr langsam)	
	Sulfid → Sulfat	$SH_2 \rightarrow S$		
	S → Sulfat			
	$SO_3'' \rightarrow SO_4''$	$SO_3'' \rightarrow SO_4''$		
	$2\,NH_4^{\cdot} \rightarrow N_2$	$NH_3 \rightarrow NH_4NO_2$		
	$NO_2' \rightarrow NO_3'$	$NO_2' \rightarrow NO_3'$		
		$As^3 \rightarrow As^5$		
		$TiO_2 \rightarrow TiO_3$		
		$Mo^6 \rightarrow Mo?$; [2]		
	Ca, Zn } Salze: Bi, Cu } Peroxyde			

[1]) Die an sich träge verlaufenden Reaktionen werden begünstigt durch Gegenwart von Spuren Ferrosalz u. ä., die als Induktor den Sauerstoff auf den Akzeptor übertragen. — Vgl. Hofmann, S. 77.

[2]) Vgl. C. 1933, 1, 3179.

„farbigen" Kationen, von Bromiden ist $BiBr_3$ orange, von Jodiden gelb: Ag, Pb, $Hg^{\cdot}$ [1]); rot: $Hg^{\cdot\cdot}$, BiOJ; schwarz BiJ_3. — „Unlöslich" sind die Salze von Ag, $Hg^{\cdot}$, $Cu^{\cdot}$ und Pb [2]), sowie $HgBr_2$, HgJ_2, und basische Salze wie BiOCl, SbOCl, $HgClNH_2$ u. ä. Zum Nachweis dienen die käsigen N'e der Ag-Salze; Löslichkeitsunterschiede siehe Tabelle S. 85. In 1/2 Liter H_2O lösen sich vom J' 1, vom CNS' 70, vom $CN^{\cdot}$ 100, vom Br' 400, vom Cl' 750 mgr. AgCl und AgBr werden daher durch l'e Jodide gelb gefärbt, und die Lösung von $\frac{\text{AgCl u. AgBr}}{\text{AgCl}}$ in möglichst wenig NH_3 gefällt durch $\frac{\text{KJ}}{\text{KBr u. KJ}}$ Betr. AgJ + NH_3 vgl. S. 14. Fällt man Cl', Br', J'-haltige Gemische mit $Ag^{\cdot}$, so entsteht zuerst reingelbes AgJ, zum Schluß reinweißes AgCl („Fraktionierte Fällung"). Durch Erhitzen im Cl-Strom oder mit Chlorwasser und Chloroform wird andererseits Br und J durch Chlor „verdrängt" [3]). — Bei Alkalien und Erdalkalien steigt die Löslichkeit von Cl' zu J'; umgekehrt bei den Schwermetallen. Viele Halogenide sind hygroskopisch (J' mehr als Cl') [4]) und besonders die Jodide in organischen Solventien löslich. Die Halogenide von H und Leichtmetallen sind in H_2O-Lösung sehr stark dissoziiert. HCl ist infolge dieser „Stärke" ein vorzügliches Zersetzungs- bzw. Lösungsmittel für unlösliche Salze und Metalle [5]). Die Auflösung kann unterstützt werden durch die reduzierende Wirkung konz. HCl-Lösungen, z. B. gegenüber Chromaten. Dazu kommt, daß einige Metalle, wie Cu, Zn, Cd und vor allem Hg, Halogenide von geringer Dissoziierbarkeit bilden, die zur Komplexbildung neigen und daher oft auch aus recht unlöslichen Vbdgg. jener Metalle mit stark dissoziierten Halogeniden (nicht nur mit den betr. Säuren) oder aus unlöslichen Halogeniden mit Nitraten jener Metalle

[1]) Am Licht bald grünlich werdend.

[2]) Über die Halogenide von $Hg^{\cdot}$, $Cu^{\cdot}$ und Pb vgl. S. 55 unten, 49, 61.

[3]) Vgl. umgekehrte Verdrängung S. 96, Akg. 4 (J + $KBrO_3 \longrightarrow KJO_3$ + Br).

[4]) Z. B. Br' und J' der 4 alkalischen Erden, Cl' von Ca und Mg, J' von Na und NH_4.

[5]) Außer für Salze nahezu gleich starker S. (z. B. Sulfate) und die aller unlöslichsten schwacher S. (z. B. HgS); bei Metallen ausgenommen die in der Sp. R. rechts von H stehenden. (Vgl. S. 28, Akg. 2; betr. $CaSO_4$ auch S. 16 unten.)

	Farbe	H_2O u. HNO_3	$\frac{n}{10}$ NH_3 auch heiß	Ammon-carbonat	KCN oder KCNS
AgF	weiß	l.	l.	l.	l.
AgCl	weiß	fast ganz unl.	l.	l.	l.
AgBr	gelbstichig	unl.	unl.	wenig l.	l.
AgJ	weiß	unl.	unl. [1]	unl.	l.
AgCN	weiß	unl.	l.		l.
AgCNS	weiß	unl.	wenig l.		l.

	Thiosulfat	$AgNO_3$	$Hg(NO_3)_2$ Überschuß konz.	Konz. Cl' Lösung	Konz. J' Lösung
AgF	l.				
AgCl	l.	wenig l.	l.	l.	l.
AgBr	l.	etwas mehr l.	l.	merklich	l.
AgJ	schwer l.	merklich l. [2]	l.	unl.	l.
AgCN	l.				
AgCNS	l.				

entstehen („Anhydrochloride" und „Anhydride" (vgl. S. 25, A. 5).

Beispiele: CdS leichtl. in kalter 3n-HCl; in 3n-H_2SO_4 erst heiß (in 3 n-E. S. gar nicht), merklich auch in konz. heißen Lösungen anderer Chloride und besonders Jodide (nicht Cyanide). HCl- od. NaCl-haltige E. S. lösen unl. $Hg^{\cdot\cdot}$-Vbdgg. leichter als äquivalente Mengen HNO_3 oder H_2SO_4. Das weder in HCl [3]) noch in KCN lösliche HgS löst sich schon in der Kälte in konz. HJ-Lösung zu $HHgJ_3$ und H_2S. Die Komplexität der Jod-Vbdg. ist also größer als die der CN-Vbdg. — Oxyde von Hg und Cd machen aus KJ Ätzkali frei! — Löslichkeit von AgCl und HgCl in $Hg(NO_3)_2$ (S. 84 unten u. 56, A. 1). — Durch Eindampfen können solche Halogenide unzersetzt trocken erhalten werden, wenn auch, weil mit H_2O-Dampf flüchtig, nicht quantitativ (vgl. S. 52 u. 77 A. 2). Auch

[1]) Vgl. S. 14, Akg. 1.
[2]) Über das Produkt der Auflösung vgl. S. 80.
[3]) Trotz der „Schwäche" und Flüchtigkeit des ev. Reaktionsproduktes H_2S.

bei der mit der Cl'-Konzentration und Temperatur wechselnden Farbe von Cu, Co, Fe und Cr-Salzen sprechen Dissoziations-Verhältnisse mit (vgl. S. 76 ff.), vielleicht aber auch Komplexbildung (wie z. B. bei Cr''' vgl. S. 23!!). Mit konz. H_2SO_4 geben trockene Chloride meist (Ausnahme $HgCl_2$ S. 88) ohne Erwärmen HCl, als farbloses, stechend riechendes, an feuchter Luft „rauchendes", mit NH_3 Nebel bildendes Gas (vgl. indes S. 55, Akg. 2). Aus trocknen Alkalibromiden macht Erhitzen schon mit dil. H_2SO_4 dieselben Eigenschaften zeigendes HBr-Gas frei. Die mit konz. H_2SO_4 aus Bromiden und Jodiden entstehenden, dem HCl auch an Stärke gleichenden freien Säuren [1]) werden sekundär mehr oder weniger vollständig zu freiem Halogen oxydiert, wobei je nach den Bedingungen SO_2, S oder H_2S entsteht. HBr- und HJ-Lösungen oxydieren sich schon durch Luftsauerstoff; HCl nur durch stärkere Oxydationsmittel wie Chromate, Permanganate, Halogen-Sauerstoff-Anionen (ausg. ClO_4' vgl. S. 96), Superoxyde (echte und unechte), die natürlich auf Br' und J' ebenso einwirken. Über Königswasser (HCl + HNO_3) vgl. S. 103. Beim Erhitzen trockner Chloride mit Chromat und konz. H_2SO_4 destilliert Chromylchlorid CrO_2Cl_2 (dunkelbraunrote Dämpfe), Br' und J' geben analog behandelt Br und J. In NaOH geleitet setzt sich CrO_2Cl_2 um zu Na_2CrO_4 und NaCl. Nachweis von Cr im Destillat beweist daher, daß Cl anwesend war. (Vgl. S. 88). HBr wird durch PbO_2 (nicht durch MnO_2) oder $KMnO_4$, schon in essigsaurer Lösung oxydiert (Nachweis von Br neben Cl), HJ endlich durch $NaNO_2$ + Säure (spezifisch!), Ferri- und Cuprisalze, Arsensäure [2]); Hypochlorite oxydieren Jodide zu Jod auch in schwach alkalischer Lösung. Permanganate neutral oder schwach alkalisch zu Jodat: $KJ + 2KMnO_4 + H_2O \rightarrow KJO_3$

---

[1]) Die meist verwandte „verdünnte" 20%ige oder rund 5fach normale HCl (sp. G. 1.1) ist eine bei 110° unverändert destillierende „eutektische" Mischung. Die entsprechenden HBr und HJ-Lösungen enthalten 48 und 57 %. Sied. Pt. 126°. — Rauchende Salzsäure (sp. G. 1.19) ist mit HCl-Gas gesättigt $\left(= \text{circa } \frac{10\,n}{1}\right)$.

[2]) Manche dieser Reaktionen sind umkehrbar: Fe^{2} und As^{3} kann durch Jod oxydiert werden. (Vgl. S. 74.) — HJ starkes Hydriermittel i. d. org. Chemie.

$+ 2 KOH + 2 MnO_2$. Oxydation von Halogenwasserstoff durch Halogensauerstoffsäure vgl. S. 97. Chlor macht Br und J, Brom macht J aus den Halogeniden frei; setzt man daher Br'- und J'-haltiger Lösung [1]) vorsichtig Chlorwasser und Chloroform oder CS_2 zu, so sind nacheinander folgende Farben der organischen Flüssigkeit zu beobachten: violett (Jod), farblos (Jodsäure), braun bis gelb (von Br) ev. wieder Entfärbung oder Aufhellung (Chlorbrom bzw. Bromsäure). Ausführung heikel. Freies Br färbt Fuchsin-SO_2 rot in Gegensatz zu Cl und J, Stärkemehl feuergelb. Jod gibt mit Stärkelösung eine tiefblaue, beim Erhitzen durch Dissoziation vorübergehend entfärbte Additions-Vbdg. Reduktionsmittel wie Zn + Säure, H_2S, SO_2, Thiosulfat führen die Halogene über in Halogenwasserstoff, daneben entsteht S bzw. H_2SO_4. Mit Jod bleibt die Oxydation von Thiosulfat bei Tetrathionat stehen: $J_2 + 2 Na_2S_2O_3 \rightarrow 2 NaJ + Na_2S_4O_6$ (!!), vgl. indes S. 111 unten. — Bei höherer Temperatur zeigen Halogenide verschiedenes Verhalten je nach Stärke ihrer „Basis" und je nachdem sie H_2O enthalten oder nicht (vgl. oben). Jodide der Alkalien [2]) sind leichter flüchtig als Chloride. Drängt man die Hydrolyse der Chloride zurück durch HCl oder NH_4Cl (in der Hitze zerfallend im NH_3 + HCl) oder erhitzt sie ganz trocken ev. im Cl-Strom, so sublimieren viele unzersetzt und können in dieser Form ganz veränderte Eigenschaften zeigen (Farbe, Löslichkeit, vgl. II, 40, 2 c). Flüchtigkeit der Chloride von As^3, Sn^4 und $Hg^{\cdot\cdot}$ mit H_2O-Dampf vgl. S. 77, Akg. 2. Vorprüfung durch Glühen der mit HCl befeuchteten Sz. am Platindraht: Nachweis von Cl auch in organischer Bindung durch Grünfärben der Flamme bei Erhitzen mit CuO (Beilsteinsche Probe). Einige hochchlorierte Metallsalze geben beim Erhitzen einen Teil des Cl ab (Mn^4, Pb^4, Co^3, Ni^3, Cu, Sb^5 — „Superchloride"). Die von Au und Pt geben alles Chlor ab. Die oben erwähnten in H_2O-Lösung weniger dissoziierbaren Halogenide und typisch kom-

[1]) AgBr u. AgJ reagieren ebenso, wenn auch weniger glatt mit Cl-H_2O. Statt Cl-W. auch Gemische wie KJO_3 + HCl u. ä. — Vgl. dagegen J + $KBrO_3$ oder $KClO_3$ S. 84, A. 3.

[2]) Sie spalten bei sehr hoher Temperatur etwas Jod ab.

plexe wie das $PtCl_6$-Ion zeigen in vielem abweichendes Verhalten. Aus Lösungen von $HgCl_2$ oder $CrCl_3$ z. B. wird Cl' mit $Ag^{\cdot}$ oder $Hg^{\cdot}$ nicht vollständig gefällt [1]. Konz. H_2SO_4 zersetzt $Ag^{\cdot}$ [2], Hg- u. Sn-Halogenide schwer oder gar nicht. $HgCl_2$ sublimiert aus Lösungen in konz. H_2SO_4 beim Erhitzen unzersetzt. Auch die CrO_2Cl_2-R. (S. 86) versagt hier. Durch Abdampfen mit HNO_3 sind solche Halogenide nicht in Nitrate überzuführen, um so leichter findet das umgekehrte statt. — Wo Chloride als gleichioniger Zusatz Löslichkeit und Farbe anderer Chloride beeinflussen sollen, versagt $HgCl_2$. Auch in der Reihe der

Fluoride finden sich ähnliche Dissoziations-Unterschiede. Fe, Al, B und Si werden hier bei der Komplexbildung [3] bevorzugt. [Beispiele: Al- und B-Sauerstoff-Vbdgg. machen um jene zu bilden, aus KF Ätzkali frei (S. 77, Akg. 1). Selbst geglühte Oxyde von Fe und Al lösen sich in HF. — Trockenes AlF_3 wird schwer durch konz. H_2SO_4 zersetzt. — Entfärbung von Ferrisalzen (auch Rhodanid) durch Fluoride (S. 76, Akg. 6)]. Die $Hg^{\cdot\cdot}$-Vbdg. dagegen ist ähnlich den Salzen der Sauerstoffsäuren hydrolysabel und geht mit viel H_2O in Oxyd über. — HF, obgleich viel schwächer sauer [4] als HCl, entwickelt mit allen Metallen außer mit Hg, Ag, Au, Pt und teilweise Pb, Wasserstoff (Mendelejeff). Die eutektische Lösung enthält 35 % HF (Kpkt. 120°) und wirkt ätzend, giftig (äußerlich und innerlich) und ähnlich wie konz. H_2SO_4, zerstörend z. B. auf Leder. Die Fluoride ähneln sonst

---

[1] Zur qualitativen und besonders zur quantitativen Bestimmung ist es daher oft erforderlich, Metall und Halogen erst zu trennen, z. B. Hg vorher als solches (z. B. mit NaOH + H_2O_2) oder als HgS zu fällen. (Vgl. S. 23 unten.)

[2] Zersetzung — sauer wie alkalisch — nur bei gleichzeitiger Reduktion (II, 33 ff.) z. B. durch KOH + Zn od. H_2O_2; Zn + H_2SO_4. — Schmelzen mit Soda gibt Na-Halogenid, CO_2, O_2 u. Ag.

[3] Komplexbildung ist hier öfter in dem Sinne gebraucht: „Mangelnde Dissoziierbarkeit", also auch für binäre Elektrolyte wie $Hg(CN)_2$. (S. 76, A. 3.) — Na_3AlF_6 Natr. Fluoraluminat (Mineral Kryolith).

[4] Die Acidität des auch „saure" Salze (z. B. KHF_2, vgl. S. 76, Akg. 2) bildenden HF kommt in $\frac{n}{1}$-Lösung nur der von H_3PO_4 nahe. Alkalifluoride reagieren schwach alkalisch, KHF_2 neutral (!). S. 125, A. 4. Bei Glühen feuchter Fluoride entstehen Oxyde.

Chloriden, z. B. im Verhalten gegen konz. H_2SO_4 [1]), in der mangelnden Farbe und in der geringeren Löslichkeit völlig trockner, gegenüber den wasserhaltigen Salzen (Al). Es gibt fast ebensoviel lösliche wie unlösliche Fluoride. Das Ag-Salz ist l., alk. Erdsalze auch in nicht zu starken Säuren wenig l. Manche lösen sich so langsam, daß bei kurzer Einwirkung Unlöslichkeit vorgetäuscht wird. Umgekehrt scheiden sich Fluorid-Niederschläge oft langsam aus. Neutrale trockene Fluoride sind auch bei hoher Temperatur nicht leicht flüchtig. Analytisch wichtig ist die auf Bildung von SiF_4-Gas beruhende Fähigkeit von HF, Glas zu ätzen. Man behandelt mit konz. H_2SO_4 im Platingefäß und bedeckt mit gewachstem Glas, in das Zeichen graviert sind. (Die Basen des Glases gehen dabei in Sulfate über.) Ein in entstehendes SiF_4 eingeführter Tropfen H_2O oder Salzlösung (z. B. $AgNO_3$) bildet eine H_2SiO_3-Haut und nimmt saure R. an (von H_2SiF_6 vgl. unten). NH_3 bildet damit NH_4F und H_2SiO_3 unter Nebelbildung. Bei gleichzeitiger Anwesenheit von Fluorid und Silikat entsteht natürlich auch im Pt-Gefäß gleich SiF_4, ist Bor vorhanden, BF_3. Dieses und Fluorborsäure HBF_4 greift Glas nicht an. Borsäure stört daher die Ätzprobe auf F. — Durch Glühen mit NH_4F läßt sich eine Substanz von Si und B völlig befreien. — Sauerstoff-Vbdgg. des Fluors sind nicht bekannt.

Fluorsilikat SiF_6''. Bei der Zersetzung von SiF_4 (vgl. oben) durch H_2O addiert sich entstehendes HF an unzersetztes SiF_4, wodurch dieses vor hydrolytischer Zersetzung geschützt wird:

$$\text{a) } SiF_4 + 3\,H_2O \rightarrow H_2SiO_3 + 4\,HF$$
$$\text{b) } 4\,HF + 2\,SiF_4 \rightarrow 2\,H_2SiF_6$$
$$\text{a + b) } 3\,SiF_4 + 3\,H_2O = 2\,H_2SiF_6 + H_2SiO_3.$$

Beim „Freimachen" aus Salzen mit konz. H_2SO_4 und beim Eindampfen z. B. mit HCl zerfällt die ziemlich starke Säure umgekehrt (ähnlich H_2CO_3): $H_2SiF_6 \rightarrow 2\,HF + SiF_4$. Im Gegensatz dazu sind Fluorsilikat-Salze in reiner fester Form

[1]) F'-Nachweis mit konz. H_2SO_4 durch Bildg. öliger Tropfen (II, 132, Akg. 1). — Bei der R. zwischen CaF_2 und H_2SO_4 wird indes nebenher H_2O abgespalten unter Bildung von Fluorsulfonsäure SO_3HF.

bekannt. Schwer löslich — besonders auch in Alkohol — sind K-, Ba- und Pb-Salz. Die sauer (!) reagierenden Alkalisalze [1]) zerfallen beim Erhitzen analog der freien Säure. NH_3 oder lösl. Carbonate zersetzen in der Wärme bald:

$$4\,NH_3 + K_2SiF_6 + 3\,H_2O \rightarrow H_2SiO_3 + 4\,NH_4F + 2\,KF.$$

Alkalihydroxyd wirkt ebenso, löst aber im Überschuß verwandt Kieselsäure zu Silikat. NH_4Cl fällt nicht (diff. SiO_3''). Silbersalze geben mit Fluorsilikaten keinen Niederschlag.

Cyanhaltige Anionen. — Einfache Cyanide XCN. — Komplexe z. B. $KMe(CN)_2$ = $Me(CN) \cdot xKCN$. — Cyanate XOCN. — Sulfocyanate XCNS. Bei Erhitzen mit konz. H_2SO_4 geben alle ·CO, Metall- und NH_4-Sulfat. [Ähnlich PbO_2 + HNO_3 (II, 79).] Bei Erhitzen mit festem KOH: Ammoniak.

E i n f a c h e C y a n i d e. Löslich und stark giftig sind die Cyanide von H [2]), Alkalien, alkal. Erden und $Hg^{\cdot\cdot}$. — HCN und $Hg(CN)_2$ sind sehr schwache Elektrolyte und entstehen daher, wo immer Cyan-Ionen mit $H^{\cdot}$ oder $Hg^{\cdot\cdot}$ zusammentreffen. Starke Neigung zur Bildung komplexer Anionen: KCN als Lösungsmittel für viele Salze vgl. S. 76. $Hg(CN)_2$ reagiert neutral (Verhalten vgl. S. 55). Die anderen löslichen Cyanide stark alkalisch (Hydrolyse), riechen nach HCN [3]) und fällen aus Metallsalzlösungen unlösliche Metallcyanide, die sich — bis auf sehr unlösliche, wie AgCN — in stärkeren Säuren, in $Hg^{\cdot\cdot}$-Salzen und in Alkalicyanid-Überschuß [4]) lösen. Um das schwach dissoziierte $Hg(CN)_2$ zu bilden, löst KCN alle unlöslichen $Hg^{\cdot\cdot}$-Verbindungen (ausg. HgS). HCN zersetzt $Hg^{\cdot\cdot}$-Salze stärkster Säuren, ähnlich wie H_2S. HgO zersetzt in der Wärme unlösliche einfache und komplexe Cyanide (vgl. S. 53, A. 2) ausg. komplexes Kobalticyanid. Verschiedene Komplexität von Doppelcyaniden vgl. S. 79, Akg. 1. HCN entsteht aus Alkalicyaniden schon mit H_2CO_3

---

[1]) K_2SiF_6 braucht 4 KOH zur Entsäuerung gegen Lackmus, reagiert also als ob es zu $2\,KF + Si(OH)_4 + 4\,HF$ hydrolysiert wäre.

[2]) HCN bei ca. 20° siedende, in H_2O leicht lösliche Flüssigkeit. Geruch: nach bitteren Mandeln. Mit rötlicher Flamme brennbar.

[3]) Allmählich schreitet die Hydrolyse fort bis zu Formiat: $KCN + 2\,H_2O \rightarrow HCOOK + NH_3$.

[4]) Mit Al, Pb, Bi, Sn und Sb-Salzen gibt KCN Fällungen, die im Überschuß nicht löslich sind. — Über Cyanide von Ag, $Cu^{\cdot}$, $Hg^{\cdot\cdot}$ vgl. S. 85, 51, 53.

(Kochen mit Bicarbonat); aus Komplexen, wenn sie nicht zu unlöslich sind wie Berlinerblau, durch Kochen mit dil. H_2SO_4 [1]), aus AgCN und $Hg(CN)_2$ nur mit HCl. — Verhalten der Cyanide bei trockenem Erhitzen: Alkalien oxydieren sich langsam zu Cyanat; NH_4CN unzersetzt flüchtig; AgCN und $Hg(CN)_2$ bilden Cyan [2]); die andern einfachen Cyanide bilden je nachdem Cyan, Kohlenstoff, Stickstoff und Metall oder dessen Carbide oder Cyanamide (wie $CaCN_2$); komplexe Cyanide vgl. unten. — KCN als Redukt. u. Entschwefelungs-Mittel: PbO → Pb; As_2S_x → As; Rolle des Fe in der Blutlaugen-Schmelze; Entfärbg. v. J u. $KMnO_4$.

Komplexe Cyanide. — Den Salzen der schwachen Blausäure stehen gegenüber als Salze starker komplexer Säuren (vgl. S. 78) Cyanate, Sulfocyanate (oder Rhodanate, Rhodanide) und komplexe Metallcyanide [3]) (oder Cyanmetallate).

Cyanate. Analytisch von geringster Wichtigkeit. Die durch Oxydation der Alkalicyanide (vgl. oben) entstehenden, trocken ziemlich beständigen Cyanate geben beim Ansäuern CO_2 und das betr. NH_4-Salz; mit Lauge erhitzt: etwas NH_3. Alkalicyanatlösungen zersetzen sich langsam zu $KHCO_3 + NH_3$. Ammoncyanat lagert sich schon beim Eindampfen um in Harnstoff $CO(NH_2)_2$. Niederschlag-R'en unwichtig (in HNO_3 l. weißes Ag-Salz). Mit Co-Salz entsteht tiefblaues $K_2[Co(NCO)_4]$ mit $Fe^{\cdot\cdot\cdot}$-Salz Grünfärbung. Viel beständiger und wichtiger sind die

Rhodanate, die sich leicht aus Cyaniden durch „Oxydation" bei Gegenwart von „disponiblem" Schwefel (z. B. mit Polysulfiden, Thiosulfaten, Polythionaten) bilden, und stark farbige Vbdgg. mit Co (blau) und mit $Fe^{\cdot\cdot\cdot}$ (rot) [4]) geben.

---

[1]) Weiteres über Berlinerblau vgl. S. 34; über R. mit dil. H_2SO_4 S. 93.

[2]) Cyan entsteht auch beim Erhitzen von NH_4-Oxalat neben H_2O, und ist auffaßbar als Nitril der Oxalsäure, wie HCN als das der Ameisensäure, deren NH_4-Salz in der Hitze HCN bildet. Mit KOH bildet Cyan KCN + KOCN. Durch Oxydation von HCN entsteht kein Cyan (vgl. dagegen das Verhalten von HCl und Chlor).

[3]) CNS' und $Fe(CN)_6''''$ bilden, begünstigt oder gar bedingt durch Anwesenheit von Säure (vgl. S. 78, Akg. 5) stark gefärbte Vbdgg. mit $Fe^{\cdot\cdot\cdot}$, Co, Cu, Mo.

[4]) Entfärbung von $Fe(CNS)_3$ vgl. S. 88 durch F' und S. 76, Akg. 6.

Letztere R. dient zum Nachweis der Rhodanide [1]), Cyanide, Polysulfide, Thiosulfate und des $Fe^{\cdots}$ (II, 150). In der Hitze färben sich die Alkalirhodanide vorübergehend gelb bis grünblau, ohne sich zu zersetzen. Das NH_4-Salz lagert sich dabei um zu Sulfoharnstoff unter gleichzeitiger teilweiser Zersetzung (CS_2; H_2S; NH_3; S). Schwermetallrhodanide geben Sulfide und andere Zersetzungsprodukte. Merkurirhodanid verbrennt unter starkem Aufblähen (sog. Pharaoschlangen). Durch stärkere H_2SO_4 (oder HNO_3) wird die aus Rhodaniden frei gemachte Säure zersetzt, wobei NH_4-Sulfat und je nach Konzentration und Temperatur COS, CS_2, SO_2, CO_2 und S entstehen. — Zn + H_2SO_4 reduziert zu H_2S und HCN; Al + KOH reduziert zu K_2S + NH_3. Alkalisch reduzierende Schmelze gibt Sulfid, alkalisch oxydierende: Sulfat. AgCNS, auch aus der roten $Fe(CNS)_3$-Lösung unter Entfärbung fällbar, gleicht den Ag-Halogeniden und AgCN in der Unlöslichkeit in HNO_3; von heißer konz. H_2SO_4 und HNO_3 unter Zersetzung gelöst, schwer von NH_3. Das bei der Umwandlung von $Cu(CNS)_2$ in CuCNS (vgl. S. 51) freiwerdende Rhodan zersetzt sich, kann aber aus AgCNS mit Br rein gewonnen werden (Ann. 419, 3). $Hg^{\cdot}$ und $Hg^{\cdot\cdot}$-Salz vgl. S. 56 oben. Gelbweißes Rhodanblei wird von kochendem H_2O zersetzt. Im Gegensatz zu Cyanaten wirken die Rhodanate reduzierend z. B. auf MnO_4'-, CrO_4''- und AsO_4'''-Lösungen. Rhodano-Metallsaure Salze vgl. S. 76.

K o m p l e x e M e t a l l c y a n i d e (= Cyanmetallate) [2]). Von den sehr zahlreichen Verbindungen haben besonders die analytische Bedeutung, die in H_2O-Lösung so komplexe Ionen bilden, daß sie spezifische R'en zeigen. Das sind nach wachsender Beständigkeit geordnet a) $X_4Co(CN)_6$ [3]); b) $X_3Fe(CN)_6$; c) $X_4Fe(CN)_6$; d) $X_3Co(CN)_6$. — Alle werden durch alkalische und sulfidische Fällungsmittel nicht verändert [4]).

[1]) Die Ferrirhodanidbildung ist für Rhodan nicht so empfindlich wie für Fe (vgl. S. 33), weil die Stärke der Rotfärbung mit der Menge des Rhodanids steigt.

[2]) Cyanferroat, besser als die gebräuchlichen Namen Ferrocyanat oder Ferrocyanid.

[3]) a) gehört eigentlich zur Klasse der weniger komplexen. — Handelsname für c) gelbes, für b) rotes Blutlaugensalz.

[4]) Vgl. S. 93 unten.

Die Komplexität von a) erreicht nicht die der analogen Fe-Verbindung. Säuren fällen aus seiner braungrünen Lösung nicht wie bei c) die komplexe Säure, sondern $Co(CN)_2$. Allmählich, schnell beim Erwärmen unter Zusatz von etwas Säure (Katalyse) oxydiert oder dehydriert sich die Lösung aber unter Gelbfärbung: $K_4Co(CN)_6 + HOH \rightarrow K_3Co(CN)_6 + KOH + H$(!!) [1]. Auch durch Erwärmen mit KOH + Br entsteht dieser Komplex [Trennung von Ni, das dabei als $Ni(OH)_3$ gefällt wird]. Die komplexe Co^3-Vbdg. übertrifft sogar die entspr. Fe-Vbdg. an Beständigkeit [weder durch HgO [2], noch durch $PbO_2 + HNO_3$ zersetzt]. Das dem Turnbulls-Blau analoge Kobalto-Kobalti-Cyanid ist wasserfrei blauviolett, zieht aber sehr schnell H_2O an und wird rosa. Das Nickelsalz ist grün. Das $Hg^{\cdot}$-Salz hinterläßt beim Glühen im H-Strom Co-Metall, an der Luft geglüht Co_3O_4. — Ferricyanide (b) aus den Ferrocyaniden (c) durch Oxydation z. B. mit Cl entstehend, sind weniger beständig als diese, z. B. giftig (HCN-Bildung durch Magensäure) und gehen (oft in alkalischer Lösung) durch Reduktionsmittel (H_2S; HJ; H_2O_2) in Ferrocyanide über. Die freien Eisenblausäuren als weiße N'e erhältlich aus den Salzen mit konz. HCl, oder kalter dil. H_2SO_4, sind unbeständig und zersetzen sich bald unter Blaufärbung, schneller in der Wärme. Beim Kochen mit dil. H_2SO_4 entsteht HCN; die Hälfte des Cyans bleibt jedoch in Form eines sehr unlöslichen Ferrokalium-Ferrocyanides unangegriffen. Auch bei trockenem Erhitzen mit Ammonsulfat entsteht HCN (geringe Mengen sogar schon beim Kochen mit NH_4-Salz). Beim Glühen von $K_4Fe(CN)_6$ entsteht KCN, N_2 und Eisenkarbid (FeC_2), wobei also auch hier die Hälfte des Cyans verlorengeht [3]. Durch Alkali wird der Eisen-Cyan-Komplex nur beim Schmelzen angegriffen; es entsteht NH_3. Alkalische

[1]) Nebenher entsteht etwas H_2O_2 (Anorg. 01, 27, 397).

[2]) Mit dieser R. läßt sich feststellen, ob Fe oder ob Co in einer beide neben CN enthaltenden Sz. komplex gebunden ist.

[3]) Verbesserung dieser alten KCN-Darstllg.: $K_4Fe(CN)_6 + 2 Na \rightarrow 4 KCN + 2 NaCN + Fe$. Moderne Darstellg. aus $NaNH_2$ mit Kohle, wobei H_2 frei wird.

Lösungen [1]) zersetzen Eisencyanate der schwereren Metalle je nach Konzentration und Temperatur „zur Hälfte", indem das nicht komplex gebundene Metall gegen Alkali ausgetauscht wird, der $FeCy_6$-Komplex aber erhalten bleibt. Mit Ausnahme derer der Alkalien sind fast alle Ferrocyanate unlöslich. Schon Ba- und Ca-Salze werden in konz. Lösungen gefällt (Sr nicht! Mg sehr allmählich). Manche werden auch durch verdünnte Säuren nicht gelöst (Zn, Ni, Co, Fe, Cu, Bi, Ag, Pb). — Ag, Cd, Zn, Co und Ni-Ferrocyanide sind auch in NH_3 schwer oder nicht löslich. Von ihnen unterscheiden sich die meist stärker gefärbten Ferricyanate oft auch durch größere Löslichkeit (Ca, Ba, Fe^3, Hg^2, Pb, Sb in H_2O; Zn, Ag, Cd, Cu, Ni in NH_3). Mg und Cr werden weder durch Ferro- noch durch Ferricyanide gefällt. — Mit HNO_3 gibt Ferrocyanid das als Sulfid-Reagens gebrauchte Nitroprussidnatrium $Na_2(FeCy_5NO)$ [2]); mit HNO_3-Mo-Lösung eine dunkelrotbraune Fällung (II, 140, Akg. 1). Die Tendenz zur Bildung komplexer Metallcyanide bewirkt, daß sich viele Metalle in KCN lösen, z. B. $Zn + 4\,KCN + 2\,HOH \rightarrow K_2Zn(CN)_4 + 2\,KOH + H_2$. — Ag und Au lösen sich darin bei Zutritt von Luft, die die reduzierende Wirkung des H_2 durch H_2O-Bildung paralysiert. Pt, Hg (!), Sn sind auch bei Luftzutritt in KCN nicht l. — Saure Salze der komplexen Eisencyanide sind nicht bekannt. Die Rhodan-R., und bei den ersten sechs der folgend genannten auch die Blau-R. werden (z. T. infolge anderer Komplex-Bildgg.) gestört durch OH', CN' [3]), Oxalat [4]), F' [5]). Tartrat, Citrat, PO_4, $FeCy_6'''$, $FeCy_6''''$, JO_3, Acetat, $Hg^{\cdot\cdot}$ und Ag-Salze. Auf diesem Wege lassen sich Lösungen herstellen, die, obgleich CNS' oder $FeCy_6''''$ neben $Fe^{\cdot\cdot\cdot}$ enthaltend, gelb bis blaugrün sind, und in denen erst bei

[1]) Alkalicarbonat (konz. Lösung) zersetzt Berlinerblau schon beim Stehen in der Kälte, wobei die K-Vbdg. deutlich wirksamer ist als die von Na. — Cu-ferrocyanid reagiert nur mit kochender Alkalilauge.

[2]) Anstatt NO kann auch CO, NO_2, AsO_2, SO_2, H_2O in das Molekül eingeführt werden.

[3]) Die Blau-R. wird durch $Hg(CN)_2$ viel weniger gestört als durch Alkalicyanid.

[4]) $Fe(CNS)_3$ wird dadurch schon kalt, Berl. Bl. beim Kochen zersetzt: Ferriferrocyanid + K-oxalat (Überschuß) = K- errocyanid + K-Ferrioxalat.

[5]) Fluoride entfärben rotes $Fe(CNS)_3$, blaues $Co(CNS)_2$ dagegen nicht.

Zusatz von $H^{\cdot}$ in genügender Konzentration (E. S. genügt nicht), oft auch von $Fe^{\cdot\cdot\cdot}$-Überschuß, die stark blaue oder rote Farbe erscheint [1]). Oxalat, Tartrat und PO_4 hindert übrigens auch die Entstehung des $Fe^{\cdot\cdot\cdot}$-Acetat-Rotes (S. 33). — Betr. $CNS' + FeCy_6'''' + Fe^{\cdot\cdot\cdot}$ vgl. II, 148, Akg. 1.

Halogen-Sauerstoffhaltige Anionen.

a) XOH unter ~ige Säure, hypo~ite (schwache Säure) [2]),
b) XOOH ~ ige Säure, ~ ite,
c) XO_2OH ~ Säure, ~ ate (starke Säure),
d) XO_3OH Über~säure, Per~ate (sehr starke Säure).

Beim Cl sind alle, beim Fluor ist kein Typus bekannt; b) ist unwichtig [3]). – Die R. $Cl_2 + HOH \rightleftarrows HCl + HOCl$ gilt hauptsächlich im ← Sinne: Chlorid + Hypochlorit-Gemenge, wie Chlorkalk und Javellsche Lauge (vgl. unten) setzen sich bei Säurezusatz sofort quantitativ um zu Cl und H_2O. Die Gegenreaktion → macht sich aber bemerkbar in Fällen, wo einer der entstehenden Stoffe, oder beide mit andern R'en gekoppelt, weiter verändert werden, so daß sie sich nicht wieder im Sinne ← umsetzen können:

1. Chlorwasser zersetzt sich allmählich; infolge durch Licht katalytisch beschleunigter Zersetzung ($HOCl \rightarrow HCl + O$) entsteht, wenn O entweichen kann, HCl als Endprodukt. – **2.** Chlor + Basen: Aus Cl mit KOH entsteht „Eau de Javelle", mit $Ca(OH)_2$ der Chlorkalk, Gemische von Chlorid und Hypochlorit, stabilisiert durch nie fehlenden OH'-Überschuß, während bei Cl-Überschuß Chlorat aus Hypochlorit entsteht. Aus J u. KOH entsteht schon in der Kälte Jodat: $3\,J_2 + 6\,KOH \rightarrow 5\,KJ + KJO_3 + 3\,H_2O$. – **3.** $Cl + Na_2CO_3$:

---

[1]) Entfärbt man $Fe(CNS)_3$ durch freie P- oder Oxalsäure, so kehrt die Farbe nur schwer und unvollständig wieder.

[2]) Für ~ ist einzusetzen Cl, Br oder J. Obgleich nicht mehr viel gebraucht, mögen Erwähnung finden die alten Bezeichnungen Unterchlorsäure = Chlordioxyd; Untersalpetersäure = Stickdioxyd; Unterschwefelsäure = Dithionsäure. Als Unterphosphorsäure wird $H_4P_2O_6$ bezeichnet, bei Oxydation von P an feuchter Luft entstehend und wider Erwarten wenig reduzierend (von H_2O_2 und CrO_3 nicht, von $KMnO_4$ erst nach längerer Zeit oxydiert. Erhitzt Spaltung: $4\,H_4P_2O_6 + 4\,H_2O \rightarrow PH_3 + 7\,H_3PO_4$. Vgl. $Na_2H_2P_2O_6$ und $NaHCO_3$, beide nur spärlich löslich (!).

[3]) Chlorite aus ClO_2 (vgl. S. 96) und Alkali bei Reduktion (!) mit H_2O_2. ($2\,ClO_2 + Na_2O_2 \rightarrow 2\,NaClO_2 + O_2$) vgl. S. 81, A. 1. — Gegen CO_2 beständig (diff. NaOCl). Unlösliches gelbes Pb- und Ag-Salz. Oxydiert in saurer Lösung Jodid sofort zu Jod und weiter zu Jodat. (Vgl. $HClO_2$ und HNO_2.)

Soda wird von HCl, nicht aber von HOCl zersetzt: $2\,Cl_2 + Na_2CO_3 + H_2O \rightarrow 2\,NaCl + 2\,HOCl + CO_2$. — **4.** Cl + $AgNO_3$: primär neben AgCl gebildetes AgOCl disproportioniert sich schnell zu Chlorat und Chlorid:

$$6\,Cl + 6\,AgNO_3 + 3\,HOH \rightarrow 5\,AgCl + AgClO_3 + 6\,HNO_3.$$

Halogen-Sauerstoff-Vbdgg. sind alle mehr oder weniger unbeständig und streben dem HX-Typus zu, daher starke Oxydations- und Bleichmittel. NaOCl fehlen reduzierende Eigenschaften völlig. ($KMnO_4$ dadurch nicht entfärbt.) — Beim Erhitzen verlieren alle Salze Sauerstoff entsprechend den Gleichungen

$3\,KOCl \rightarrow KClO_3 + 2\,KCl \,\|\, 2\,KClO_3 \rightarrow KClO_4 + KCl + O_2$ [1]; $KClO_4 \rightarrow KCl + 2\,O_2$. Vgl. $3\,Cl_2 + 3\,K_2O \rightarrow 3\,KCl + KOCl \rightarrow KClO_3 + KCl$ als „Ketten-R".

Ähnlich zersetzen sich die freien Säuren (ausg. Jodsäure) beim Konzentrieren: $HOCl \rightarrow HCl + O$; $HClO_3$ bildet $HClO_4$ neben Cl_2 und O_2 oder, beim Freimachen mit konz. H_2SO_4, neben ClO_2 [dem braunroten, gasigen, explosiblen gemischten Anhydrid der chlorigen und der Chlorsäure ($\sim NO_2$)] [2]. — Überchlorsäure $HClO_4$ [rauchende, farblose, kaum oxydierende Flüssigkeit [3]]; Jodsäure HJO_3, durch Oxydation von J mit HNO_3 [4], weiße H_2O-lösliche Kristalle, beständig (im Gegensatz zur Cl und Br-Verbindung), aber nicht gegen Reduktionsmittel; starke Säure, die auch saure Salze bildet, beim Erhitzen im J_2O_5 übergeht, das erst bei hoher Temperatur zerfällt in J + O. Mit Ausnahme der Perchlorate oxydieren die Halogen-O-Vbdgg. auch in Lösung, am stärksten in saurer, etwas auch in neutraler, Hypochlorite auch in alkalischer Lösung. Die dabei entstehenden Halogenide geben in saurer Lösung, solange noch Überschuß nicht reduzierter O-Vbdg. vorhanden, natürlich freies Halogen (vgl. unten).

---

[1]) Man sollte erwarten $4\,KClO_3 \rightarrow 3\,KClO_4 + KCl$. — Indes zerfällt bei der Zersetzungstemperatur schon ein Teil des Perchlorats.

[2]) $6\,HClO_3 \rightarrow 2\,HClO_4 + 4\,ClO_2 + 2\,H_2O$.

[3]) Wenn 100 %ig: explosiv; die beständigen H_2O-Lösgg. enthalten OH_3ClO_4 (S. 76, A. 6 unten).

[4]) Jodat auch nach S. 42, Akg. 3 u. aus $KBrO_3$ durch Verdrängen von Br mit J.

Beispiele. Elemente: Zn und ähnliche Metalle reduzieren in neutraler, alkalischer und saurer Lösung zu den Halogeniden; Schwefel wird in alkalischer Schmelze heftig, in Lösung langsam oxydiert zu Sulfat. Phosphor reduziert Jodat auch in sehr dil. Lösung zu Jod unter Bildung von PO_4; $KClO_3$ und roter Phosphor entzündet sich beim Reiben (Zündhölzer).

Wasserstoff-Verbindungen: Hypochlorit oxydiert J' schon in schwach alkalischer Lösung: $NaOCl + 2\,KJ + HOH \rightarrow NaCl + J_2 + 2\,KOH$; NH_3 oxydiert es zu Stickstoff[1]); H_2O_2 zu $H_2O + O_2$. — Halogenate oxydieren in saurer Lösung H_2S zu freiem Schwefel, Halogenide zu freiem Halogen. Von den 9 möglichen R'en, sämtlich entsprechend der Gleichung

$$5\,HX + HXO_3\,[= 5\,X' + XO_3' + 6\,H^{\cdot}] = 6\,X + 3\,H_2O,$$

verlaufen am trägsten, d. h. glatt nur in stärker saurer Lösung und bei höherer Temperatur die 3 mit Cl', und auch die 3 mit ClO_3', J' wird dagegen durch BrO_3 und JO_3' schon in kalter E. S.-Lösung oxydiert, Br' von BrO_3' in heißer E. S., von JO_3' erst glatt in heißer H_2SO_4-Lösung. Die Abstufung ist also nicht ganz periodisch.

Niedere Oxydationsstufen, z. B. SO_2 [2]), werden ganz allgemein in höhere übergeführt, [$KClO_3$ an Stelle von KNO_3 für alkalische Oxydationsschmelzen (Manganate und Chromate). Aufschließen unlöslicher Sulfide, Zerstörung organischer Substanz. (Vgl. II, 154.)]

Löslichkeit der Salze: Alle Chlorate sind l. wie die Nitrate. Von unlöslichen Bromaten und Jodaten sind zu nennen die Ag, Pb, $Hg^{\cdot}$ und Ba-Salze, sämtlich weiß. Näheres II, S. 135 und 137. Unlösliches AgOCl disproportioniert sich schnell zu 2 AgCl und $AgClO_3$. — Bromate geben mit konz., mit $MnSO_4$ gesättigter H_2SO_4 Kirschrotfärbung, beim Erhitzen entsteht MnO_2 (diff. ClO_3 und JO_3). Perchlorate der NH_3-Komplexe von Cu, Zn, Cd, Co, Ni [3]) sind in konz. NH_3 schwer genug l., daß sie aus der Mischung der Komponenten ausfallen [4]).

---

[1]) Vgl. S. 11, Akg. 4.

[2]) Das Endresultat der R. zwischen HJO_3 u. SO_2 kann entsprechen

$$\left.\begin{array}{l} a)\ 2\,HJO_3 + 5\,SO_2 \rightarrow 2\,J + 5\,SO_3 + H_2O, \\ b)\ 2\,HJO_3 + 6\,SO_2 \rightarrow 2\,HJ + 6\,SO_3. \end{array}\right\}\ \text{(schematisch)}$$

Maßgebend für den Verlauf ist dabei neben dem Mengen-Verhältnis (d. h. auch Reihenfolge der Zusätze) entscheidend die ungleiche Geschwindigkeit der Teilvorgänge ($HJO_3 + SO_2$; $JO_3 + HJ$; $J + SO_2$). Setzt man SO_2 der Jodatlösung zu, so scheidet sich Jod erst nach längerer „Inkubations"-Periode, dann aber bei sonst gleichen Bedingungen zu genau mit der Uhr bestimmbarer konstanter Zeit plötzlich reichlich aus. (Landolt-R. — Vgl. damit etwa S. 18, Akg. 2.)

[3]) Aus NH_4-haltiger konz. NH_3-Lösung lassen sich analoge Jodate (auch von Ag) fällen. Zuerst entstehen dabei stark übersättigte Lösungen.

[4]) Von Salvadori (C. 1917, 325) zum Nachweis des Cd empfohlene R. — Ammonpersulfat (nicht das K-Salz) gibt auch die Salvadori R. (Analogie der Typen HXO_4 u. $H_2X_2O_8$!). Vgl. S. 116, Akg. 1 u. 95, A. 2.)

N-haltige Anionen. N i t r i t, XNO_2; Nitrat XNO_3. Beide werden nicht durch unlösliche Salze charakterisiert, sondern durch Eigenschaften der freien S. (Zersetzlichkeit und oxydierende Wirkung) und durch Farbreaktionen, meist mit organischen Reagentien. Nitrite bilden einige charakteristisch gefärbte Komplexe. — Die meisten Nitrat-R'en finden sich bei Nitrit in verstärktem Maße [1]). Infolgedessen sind Nitrite leichter zu erkennen, und Nitrat-Nachweis erfordert vorherige Entfernung von NO_2' [2]). In der Hauptsache entsteht bei beiden [3]), wenn man alkalisch z. B. mit Zn + KOH reduziert, NH_3; wenn sauer: farbloses NO. Die Säuren zersetzen sich dabei, wenn Reduktionsmittel O wegnehmen:

$$\left.\begin{array}{l} \mathrm{ONOH} \rightarrow \mathrm{NO} + \quad \mathrm{OH} \\ \mathrm{ONOOH} \rightarrow \mathrm{NO} + \mathrm{O} + \mathrm{OH} \end{array}\right\} \begin{array}{l} \text{oder} \\ \text{2 Mol.} \end{array} \left\{\begin{array}{l} \rightarrow 2\,\mathrm{NO} + \mathrm{O} + \mathrm{H_2O} \\ \rightarrow 2\,\mathrm{NO} + 3\,\mathrm{O} + \mathrm{H_2O}. \end{array}\right.$$

Wenn Reduktionsmittel fehlen, so entspricht die Zersetzung den Gleichungen

$$\left\{\begin{array}{l} 2\,HNO_3 \rightarrow 2\,NO_2 + O + H_2O \\ 3\,HNO_2 \rightarrow 2\,NO + HNO_3 + H_2O. \end{array}\right.$$

Entstehendes HNO_2 anhydrisiert sich dabei primär sofort zu blauem N_2O_3, das schnell dissoziiert in NO u. NO_2. Auch NO_2 unterliegt schnell disproportionierender Hydrolyse, so daß in summa (als „Ketten-R.") $4\,HNO_2 \rightarrow 2\,NO + HNO_2 + HNO_3 + H_2O$. Bei Ansäuren von Nitritlösg. mit starker kalter HNO_3 ist die Blaufärbung noch kurz erkennbar (M. W.). Kann sich der Dissoziationsdruck nicht auswirken (Lösen von $NaNO_2$ in vollständig bis zum Stopfen mit konz. HNO_3 gefüllter Flasche), so entsteht sogar eine recht haltbare, tiefblaue Lösung. Unter gewöhnlichen Umständen (bei Gegenwart von Luft) treten indes statt farblosem NO immer braune NO_2-Dämpfe auf. Braunes NO_2 und blaues N_2O_3 mischen sich meist zu Grün. Mit Natronlauge Nitrit und Nitrat gebend, gilt NO_2 als gemischtes Anhydrid von HNO_3 und HNO_2. Wie bei mittleren Oxydationsstufen überhaupt (z. B.

---

[1]) Vgl. S. 99 unten.
[2]) Durch Kochen mit E. S., $NH_4^{\cdot}$ oder Harnstoff. Vgl. S. 100 oben u. II, S. 150, Akg. 1.
[3]) Unter bestimmten Bedingungen können aus Metall u. HNO_3 auch NO_2, N_2O, NH_2OH, Ammonnitrat auftreten.

HOCl), ist Zersetzlichkeit und oxydierende Wirkung bei Nitriten größer; bei der Einwirkung von HNO_3 auf Metalle, Sulfide u. ä. wird die Reaktion daher viel heftiger, sobald erst jene Stickoxyde angefangen haben, sich zu bilden. (Man setzt daher zweckmäßig gleich anfangs geringe Nitritmengen [oder H_2O_2] zu.) HNO_2 oxydiert in manchen Fällen, wo HNO_3 versagt (z. B. HJ). Mit HCl entwickeln indes NO_3'-freie Nitrite kein Chlor, und beim Erhitzen auf Kohle verpuffen sie weniger stark als Nitrate. — Da aus NO und Luft sofort wieder NO_2 und HNO_3 entsteht, so muß, soweit die entstehenden Gase nicht entweichen, die oxydierende Wirkung trotz dauernder Verausgabung von O_2 erhalten bleiben, und NO wirkt als Überträger des Luftsauerstoffs.

Nitrite. — Die Mehrzahl der Salze ist löslich, manche (z. B. $NaNO_2$) auch in Alkohol, viele sind hygroskopisch. Da man vom Nitrit, als mittlerer Oxydationsstufe, zum Nitrat und zu niederen Stufen bis zum NH_3 gelangen kann, so zeigt Nitrit a) reduzierende, b) oxydierende Eigenschaften. ad a): Mit $KMnO_4$ und H_2SO_4 entsteht $MnSO_4$, K_2SO_4 und HNO_3; mit MnO_2 und PbO_2 in nicht reduzierend saurer Lösung $Pb^{\cdot\cdot}$- und $Mn^{\cdot\cdot}$-Nitrat; mit $HgNO_3$ Hg-Metall [$Hg^{\cdot\cdot}$-Salze reagieren nicht]; mit löslichen Chromaten in saurer Lösung tritt Farbänderung ein über rot, braun, grün in blau; mit freiem Jod in schwach saurer Lösung bei starkem Nitrit-Überschuß tritt Entfärbung ($\rightarrow$ HJ) ein. Jodat wird zu HJ reduziert, das aber mit HJO_3-Überschuß Jod abscheidet: $HJO_3 + 4\,HNO_2 \rightarrow J + 3\,HNO_3 + NO + H_2O$. — H_2O_2 oxydiert zu Salpetersäure. Mit Thiosulfat entsteht Hexathionat $H_2S_6O_6$ (S. 114ff.) (B. 61, 399).

ad b): Alkalisch entwickelter H_2 reduziert zu NH_3. Mit Jodid + H_2SO_4 wird sofort Jod frei: $HNO_2 + HJ \rightarrow H_2O + NO + J$, mit H_2S-Schwefel, in saurer Lösung sofort. Mit $FeSO_4$ entstehen, selbst ohne Säurezusatz, gefärbte, FeNO-Kation enthaltende komplexe Vbdgg. (vgl. S. 103 unten). $Cu^{\cdot\cdot}$-Salze reagieren ähnlich (Dunkelviolett- oder Grünfärbung). Mit K_4Cy_6Fe und Säure entsteht Ferricyanid. Indigosulfosäure („Indigolösung") wird durch Oxydation entfärbt. Mit NH_4-

Salzen, Hydrazin und organischen NH_2-haltigen Stoffen [1]) [z. B. Harnstoff $CO(NH_2)_2$] entsteht freier Stickstoff (analytisch wichtig; II, 150, Akg. 1). — Hydroxylaminsalz reduziert zu N_2O ($NH_2OH \cdot HCl + HNO_2 \rightarrow N_2O + 2\,H_2O + HCl$.

Konz. Lösgg. verschiedener Metallsalze geben mit Alkalinitrit (ev. erst in der Hitze) gefärbte Lösgg. (gelb $Cd^{\cdot\cdot}$, $Fe^{\cdot\cdot}$, Pb.acetat; grün Cu, Cr) oder N'e von Nitriten (Ni, Cd, Ag) oder von Hydroxyden oder basischen Salzen (Rose) (Al, Bi, Cu; ev. unter gleichzeitiger Oxydation: $Fe^{\cdot\cdot}$, $Mn^{\cdot\cdot}$, $Co^{\cdot\cdot}$). Aus $Hg^{\cdot}$-Salz fällt Hg-Metall durch Reduktion (vgl. oben ad a). Unlösliche und komplexe Salze: $AgNO_2$ löslich in kochendem H_2O und in Alkalinitritüberschuß. Erst bei starkem Glühen entsteht daraus Ag + NO + O. – K-Kobaltnitrit, Fischersches Salz, $K_3[Co(NO_2)_6]$ vgl. S. 44. Ähnliche gelbe Komplexe entstehen aus konz. Lösungen von Pb-, Bi- und Hg-Salzen, die ebenfalls mit Essigsäure wenig oder kein NO_2 entwickeln. Auch unlösliche Pb- und Bi-Salze geben bei Zusatz von viel Nitrit und wenig H_2O eigelbe Farbe (schnelle Unterscheidung von Ba- und Pb-sulfat). Bleiacetat (nicht ~ nitrat) gibt auch in Lösung mit Nitriten Gelbfärbung. – Alkalinitrite entstehen aus den Nitraten beim Glühen, und bei Reduktion mit Zn in neutraler Lösung. Schwermetallsalze aus ihren Chloriden mit $AgNO_2$. Dieses selbst bei mäßigem Glühen von $AgNO_3$. Freie HNO_2, nur in sehr dil. kalter Lösg. relativ beständig, herstellbar aus Nitrosylschwefelsäure [2]) SO_4HNO mit H_2O, zersetzt sich schnell wie oben angegeben.

Die Alkalisalze sind an der Luft, auch in Lösung nur wenig und langsam oxydabel. Sie zersetzen sich unter NO-Verlust erst bei sehr hoher Temperatur oder bei Gegenwart von Reduktionsmitteln. Schwermetallsalze geben beim Erhitzen Oxyd und NO. Ganz reine Alkalinitrite reagieren

[1]) Bei tieferer Temperatur sind oft gefärbte Zwischenprodukte erhältlich. Es sind zahlreiche derartige Farbreaktionen bekannt (übrigens auch mit N-freien Stoffen, die OH statt der NH_2-Gruppe enthalten), Metaphenylendiamin und Naphthylamin-Sulfanilsäure u. a.

[2]) Entsteht durch Eintragen von $NaNO_2$ in eiskalte konz. H_2SO_4 oder $SO_2 + HNO_3$.

neutral. In n/10-Lösung ist die freie Säure zu ca. 6 %, d. h. rund dreimal mehr als E. S. dissoziiert.

Mit Mn-Salz und Oxalsäure, ebenso mit l. Rhodaniden bei Gegenwart von E. S. und Mineralsäure färben sich Nitrite rot.

Nitrate. Sie ähneln den Halogenaten, im besonderen den Chloraten im Formeltyp, Zersetzbarkeit und oxydierender Wirkung, besonders der freien Säure, Fehlen unlöslicher Salze, Farblosigkeit, der mangelnden Neigung zu Komplexbildungen und der starken elektrolytischen Dissoziierbarkeit. Alle Nitrate zersetzen sich bei erhöhter Temperatur unter Abgabe von O_2, und zwar im allgemeinen zu Oxyd, 2 NO_2 u. O; NH_4NO_3 zu $N_2O + 2\,H_2O$; HNO_3 und $AgNO_3$, vgl. oben und S. 98, Alkalisalze zu Nitriten. Bei sehr hoher Temp. kann auch hier Bildung von Oxyd angenommen werden, wenn Stoffe zugegen sind, die dieses gleichzeitig mit dem Sauerstoff binden vgl. S. 102 b).

Ist die entstehende Base oxydabel, so entsteht natürlich das höchste glühbeständige Oxyd (z. B. Ni_2O_3 vgl. S. 43): $Sn(NO_3)_2$ gibt schon beim Kochen der Lösung $Sn(OH)_4$.

Durch Destillation von Nitraten mit konz. H_2SO_4 bei 130° nicht übersteigender Temperatur erhält man die reine farblose bei 86° siedende Säure (sp. G. 1.5); bei höheren Temperaturen rote rauchende Säure, die mit Stickoxyden gesättigt ist. Erstere zersetzt sich, beschleunigt durch Licht, schon in der Kälte allmählich unter Gelbfärbung. Beide rauchen an der Luft und geben Nebel mit NH_3. Häufiger verwendet man in der Analyse als „konz. HNO_3" die eutektische, rund $^1/_3$ H_2O enthaltende, also rund 10 n-Lösung (sp. G. 1.4, Kpkt. 120°) oder eine rund $^2/_3$ H_2O enthaltende „verdünnte" Säure (sp. G. 1.2). Infolge ihrer oxydierenden Eigenschaften wirkt HNO_3 in Fällen, wo gleich starke andere Säuren versagen und löst stark unlösliche Salze z. B. Ag_2S, während weniger unlösliche, aber nicht oxydable (z. B. AgCl) dadurch ungelöst bleiben. Das Gleichgewicht kann dabei verschoben werden durch primäre Oxydation mit folgender Säurewirkung [vgl. a)] oder umgekehrt (vgl. d 2) z. B. a) gegenüber Metallen, die rechts von H in der Sp. R.[1]) stehen: $3\,Cu + 8\,HNO_3 \rightarrow 3\,Cu(NO_3)_2 + 2\,NO + 4\,H_2O$[2]). Antimon und Sn werden zu unlöslicher Met-Antimon- und Zinnsäure $HSbO_3$ und H_2SnO_3 oxydiert (unter gemäßigten Bedingungen läßt sich sowohl Stanno- wie Stanni-Nitrat erhalten). Gold, Pt und die Pd-Metalle werden nicht angegriffen (Scheidewasser!). Ganz konz. Säure wirkt weniger als eine etwas H_2O-haltige. Manche Metalle geraten durch konz. HNO_3 in einen sog. passiven Zustand, sie umkleiden sich dabei vielleicht mit dünnen Oxyd-Schutzschichten, die die weitere Einwirkung hindern (Fe, Al, Cr). – Auch durch Erhitzen mit geschmolzenem Salpeter werden viele Metalle in Oxyde übergeführt ($2\,Fe + 2\,KNO_3 + H_2O \rightarrow Fe_2O_3 + 2\,NO + 2\,KOH$)[3]). Gold wird nicht, Platin ein wenig durch schmelzenden Salpeter angegriffen.

b) C, P, S werden heftiger als durch stärkste Säure oxydiert durch Erhitzen mit Alkalinitraten, wobei das entstehende alkalische Oxyd die entstehende Säure bindet:
$2\,KNO_3 + S \rightarrow K_2O + 2\,NO + SO_3 \rightarrow K_2SO_4 + 2\,NO$;
$4\,KNO_3 + 3\,C \rightarrow 2\,K_2CO_3 + CO_2 + 4\,NO$. – Si verhält sich der Säure gegenüber wie die Edelmetalle, während es durch geschmolzene Nitrate merklich angegriffen wird Diamant und Graphit widerstehen auch schmelzendem KNO_3. – Bor, Arsen und Jod werden durch heiße HNO_3 leicht oxydiert zu den entsprechenden Säuren.

c) Kationen und viele Anionen werden durch HNO_3 in die höchste Wertigkeitsstufe übergeführt (Hypophosphite schwer, S. 123).

d) Von Vbdgg. erster Ordnung oxydiert HNO_3:

1. Chloride z. B. HCl, aber bei Abwesenheit aller N-oxyde nicht HJ!! Die Gleichung Chlorid + $HNO_3 \rightleftarrows$ Nitrat + HCl durch Abrauchen mit Säure-Überschuß ist trotz des Fehlens besonderer Dissoziationsunterschiede $\rightleftarrows$ quantitativ durchführbar, weil die freiwerdende Säure mit der zugesetzten unter Chlorbildung reagiert und so aus dem Gleichgewicht

[1]) Vgl. S. 28, Akg. 2.
[2]) Die nach S. 98 aus $2\,HNO_3$ und 3 Cu entstehenden 3 CuO brauchen 6 HNO_3 zur Salzbildung.
[3]) Vgl. indes hierzu S. 31 unten!

entfernt wird. Anderes Verhalten wenig dissoziierter Chloride vgl. S. 88. Die als Königswasser öfter angewandte Mischung von 1 Teil 33 %iger HNO_3 und 3 Teilen 20 %iger HCl entspricht ungefähr den Formelgewichten der Gleichung $2\,HNO_3 + 6\,HCl \rightarrow 4\,H_2O + 2\,NO + 6\,Cl$. Nebenher entsteht Nitrosylchlorid NOCl. – Königswasser dient als Lösungsmittel für Au und Pt und manche, in H_2O und in nicht oder weniger stark oxydierenden Säuren unlösliche Vbdgg. wie HgCl, HgS, As-Sulfide. Es ist aber keineswegs ein besonders wirksames Lösungsmittel für irgendwelche nichtoxydierbare unlösliche Stoffe!!

2. Sulfide (vgl. S. 104). Der dabei entstehende H_2S scheidet, soweit er nicht flüchtig geht, Schwefel ab; weiterhin kann SO_2 und H_2SO_4 entstehen. Die Oxydation von H_2S durch ganz N-oxydfreie HNO_3 erfolgt schneller erst in dem Maße, wie Stickoxyde dabei entstehen.

3. Von den sonst noch hier in Betracht kommenden Siliciden, Phosphiden, Arseniden, Carbiden u. ä., die bei Analyse der Legierungen eine Rolle spielen, sei genannt Silicumcarbid SiC, das HNO_3 und schmelzendem KNO_3 widersteht (Aufschlußmittel Na_2O_2, BaO_2). Vgl. auch II, 156, Akg. 1.

e) Organische Vbdgg. werden durch HNO_3 häufig zu Oxalsäure oxydiert, z. B. Zucker; oft tritt Gelbfärbung ein („Nitro-Vbdgg."). Indigo wird entfärbt durch Oxydation zu Isatin. (Besonders empfindlich bei Zusatz von NaCl. Aber nicht spezifisch.) Durch Spuren von Nitraten werden Lösungen von Brucin in konz. H_2SO_4 blutrot (diff. Nitrit; ~ Chlorat), von Diphenylamin tiefblau (analog viele andere oxydierende Stoffe, z. B. Halogenate, Superoxyde u. a.). Lackmus und andere Indikatorfarbstoffe werden durch HNO_3 nicht gebleicht (diff. $HClO_3$).

Überschichtet man sehr wenig einer Spuren von Nitrat enthaltenden Lösung und etwa 2 ccm konz. H_2SO_4 mit kalt gesättigter $FeSO_4$-Lösung, so entsteht dunkelbraunes, bei stärkster Verdünnung amethystviolettes $(FeNO)SO_4$ [1]). Beim starken Schütteln und Erwärmen gibt die Lösung NO ab und

[1]) Vgl. S. 33.

es entsteht Ferrisulfat. Diese „Ring-R." sowie die NH_3-Bildung beim Kochen mit Zn-Staub in neutraler oder besser alkalischer Lösung (S. 45 unten u. 99) und die Bildg. brauner Dämpfe beim Erhitzen von trockenem Nitrat mit konz. H_2SO_4 oder $KHSO_4$ werden zum Nitratnachweis benutzt. Von Niederschlag-R'en ist nur zu erwähnen die mit einer organischen Base „Nitron" in schwach schwefelsaurer Lösung. Sie findet besonders quantitative Anwendung und ist nicht spezifisch. Mit Ausnahme einiger basischer Salze (Bi) sind alle Nitrate leicht löslich.

Schwefelhaltige Anionen[1]. – **Sulfide** X_2S. Die Sulfide werden erkannt an den Eigenschaften des H_2S, der als schwache[2]), flüchtige und oxydable Säure aus ihnen mit stärkeren S'en leicht, bei besonders unlöslichen, wie HgS, erst bei weiterem Zusatz von Sn oder Zn erzeugt wird. (Wirkung des Metallzusatzes vgl. S. 75: Bildung von AsH_3.) H_2S ist ein wie faule Eier riechendes, brennbares, bei Z. T. zu rund 0,4 % (= n/4) in H_2O lösliches, giftiges Gas, das mit alkalischer Blei-Lösung getränktes Papier schwärzt, und dessen H_2O-Lösungen an der Luft allmählich, langsamer bei Zusatz von Glycerin, unter Abscheidung von S zersetzt werden; das daher reduzierend wirkt auf höhere Oxydationsstufen vieler Kationen und Anionen. Ag wird bei Gegenwart von Luft durch lösliche Sulfide (auch H_2S) geschwärzt: $2\,Ag + H_2S + O \rightarrow Ag_2S + H_2O$. Lösliche Sulfide (nicht H_2S) färben sich mit einer Spur Nitroprussid-Na intensiv violett. Besondere Bedeutung haben die Sulfide für den klassischen Analysengang, weil bei der im Einzelnen stark verschiedenen, etwa in der Folge Mn, Fe, Zn, Cd, Pb, Cu, Bi, Ag, As, Hg abnehmenden Löslichkeit sich 2 Gruppen herausschälen wie II, 63 näher ausgeführt. Leicht löslich (auch in Alkohol) bzw. durch Wasser halb[3]) hydrolysiert werden Sulfide der Alkalien und alkalischen Erden. CO_2 macht daraus

[1]) Übersicht der Oxydationsstufen vgl. S. 116.

[2]) Gegenwart starker Säuren drückt als gleichioniger Zusatz die Stärke natürlich noch wesentlich herab.

[3]) Zu Hydroxyd und Hydrosulfid. — Trotz starker Hydrolysierbarkeit der Sulfide existieren manche, sogar der schwächsten Basenbildner, auch in der Natur, infolge ihrer großen Unlöslichkeit. (Vgl. damit Carbonate und Silikate.)

H_2S frei, und O_2 der Luft oxydiert zu Schwefel; dieser fällt aber nicht aus, sondern addiert sich an unzersetztes Sulfid unter Bildung von gelben Polysulfiden M_2S_{2-5}; mit S'n bilden diese H_2S und weißen Schwefel (Schwefelmilch) [1]. Bei langem Aufbewahren entfärben sich die gelben Lösungen unter Bildung von Thiosulfat. Beim Einleiten von H_2S in OH-haltige Lösungen bis zur Sättigung entstehen die primären Sulfide, bei nochmaligem Zusatz der gleichen OH-Menge die sekundären. In allen S'en, auch nicht oxydierenden und schwachen (E. S.) leicht löslich sind die Sulfide von Mn und Fe [2]; Mg-, Al- und Cr-sulfide sind so wenig unlöslich und so hydrolysierbar, daß man beim Fällen mit Alkalisulfiden in H_2O-Lösung statt ihrer die Hydroxyde erhält. Nicht löslich in E. S., aber leicht in „Mineralsäure" ist ZnS. Ihm nahe steht CdS, das sich in 3 n-Säure (HCl kalt, H_2SO_4 heiß) löst [3], nicht in E. S. Am schwersten löslich, selbst in rauchender HCl, sind die Sulfide von As [4] und Hg. Sie lösen sich in Königswasser, die des As auch in konz. HNO_3. Anwendung oxydierender Säure (HNO_3 oder Br-gesättigte HCl) fördert die Auflösung und ist z. B. für die meisten Kiese, Glanze oder Blenden allein anwendbar. Dabei entsteht Schwefel und durch weitere Oxydation langsam SO_2, das bei Gegenwart der N-Oxyde aber sofort in H_2SO_4 übergeht, so daß beim Eindampfen zur Trockne Chloride und Nitrate sich zum Teil in Sulfate verwandeln. Bei Lösung eines Sulfides MS mit Oxydation bis zu S würde [da $\overset{-2}{S} \rightarrow \overset{0}{S}$ zwei W. verbraucht und $2\,HNO_3$ (nach S. 98) 6 W liefert] 3 MS mit $2\,HNO_3$ reagieren. Die entstehenden 3 MO brauchen aber weitere $6\,HNO_3$ zur Nitratbildung:

---

[1]) Auch Ultramarin (außer gewöhnlichem blauem gibt es grüne und rötliche) bildet mit S'en unter Entfärbung H_2S und Schwefel. Wie seine Bestandteile Na_2S_3, SiO_2 und Al_2O_3 verknüpft sind, bedarf der Aufklärung.

[2]) Aus stark acetathaltigen Lösungen kann man indes mit H_2S Niederschläge der Sulfide beider erhalten.

[3]) Diese Angaben gelten für frisch gefällte N'e. „Gealterte", auf trockenem Wege hergestellte, und Sulfidmineralien pflegen viel schwerer l. zu sein. Bei den meisten Sulfiden (besonders Co und Ni) ist die S'e-Konzentration, die die Fällung hindert, daher nicht imstande, fertig gebildetes Sulfid zu lösen.

[4]) Betr. Löslichkeit der As-Sulfide vgl. indes II, S. 70, Akg. 5.

$3\,CuS + 8\,HNO_3 \rightarrow 3\,S + 3\,Cu(NO_3)_2 + 2\,NO + 4\,H_2O$.
Bei HgS und Königswasser würden entsprechend für Chloridbildung von 3 Hg einzusetzen sein 6 HCl:
$3\,HgS + 2\,HNO_3 + 6\,HCl \rightarrow 3\,S + 3\,HgCl_2 + 2\,NO + 4\,H_2O$.
Bei Oxydation bis zu SO_4 ($\overset{0}{S} \rightarrow \overset{6}{S}$), wozu für 3 S weitere 18 W oder 6 HNO_3 nötig sind, wird die Lösung vor dem Abdampfen ein Gleichgewicht (Sulfat und Nitrat des Metalls) enthalten: $3\,CuS + 14\,HNO_3 \rightarrow 8\,NO + 4\,H_2O + 3\,Cu^{\cdot\cdot} + 6\,H^{\cdot} + 6\,NO_3' + 3\,SO_4''$. Auch das Kation kann noch Oxydationsmittel verbrauchen, z. B. FeS [$\overset{2}{Fe} \rightarrow \overset{3}{Fe}$: 1 W; $\overset{-2}{S} \rightarrow \overset{+6}{S}$: 8 W] 9 W oder 3 HNO_3, und für Nitratbildung weitere 3 HNO_3:
$FeS + 6\,HNO_3 \rightarrow 3\,NO + 2\,H_2O + Fe^{\cdot\cdot\cdot} + 3\,NO_3' + SO_4'' + 2\,H^{\cdot}$.
Oxydation von As_2S_3 zu 2 H_3AsO_4 und 3 H_2SO_4 erfordert 4 + 24 = 28 W, folglich reagieren 3 As_2S_3 (= 84 W) mit $14 \cdot 2\,HNO_3$ (= $14 \cdot 6$ W):
$3\,As_2S_3 + 28\,HNO_3 + 4\,H_2O = 6\,H_3AsO_4 + 9\,H_2SO_4 + 28\,NO$.
Die Menge des links einzusetzenden H_2O errechnet sich dabei aus den Formeln der R.-Produkte. Bei analoger Oxydation von Sb_2S_3 mit Königswasser sind zur Bildung von 6 $SbCl_5$ noch hinzuzufügen 30 HCl
$3\,Sb_2S_3 + 28\,HNO_3 + 30\,HCl \rightarrow 6\,SbCl_5 + 9\,H_2SO_4 + 28\,NO + 20\,H_2O$ [1])

Auf trocknem Wege hergestelltes SnS_2 (Musivgold) löst sich nur in konz. sog. „umgekehrten" Königswasser (3 HNO_3 auf 1 HCl) langsam auf. Das Altern zeigen besonders deutlich die Sulfide von Co und Ni die sich kurz nach der Fällung schon in n/1 HCl nur noch sehr wenig [2]) lösen. Die Sulfide von As, Sb, Sn, etwas auch die von Cu, Ni und Fe lösen sich in $(NH_4)_2S$-Überschuß. Dabei entstehen Sulfosalze (vgl. S. 64), zum Teil aber wohl auch nur kolloidale Lösungen. HgS, un-

[1]) Selbstverständlich sind alle diese Gleichungen nur als rechnerische Zusammenfassung vieler, meist bimolekularer Einzelvorgänge anzusehen. Ihre Ableitung hier dient nur pädagogischen Zwecken.

[2]) . . . und so von ZnS deutlich unterscheiden. Aus stufenweise mit Na-acetat entsäuerter Lösung fällt andererseits H_2S zuerst ZnS, und erst dann Co und Ni als Sulfide. Die vergleichsweise Löslichkeit der N'e kehrt sich also nach einiger Zeit infolge verschieden schnellen Alterns geradezu um.

löslich in $(NH_4)_2S$, löst sich in K_2S. Aus der K_2HgS_2 enthaltenden Lösung fällt NH_4Cl, H_2S oder viel H_2O roten Zinnober. Mit Ausnahme von ZnS und Hg-sulfonitrat (vgl. S. 54) sind die Sulfide aller häufigeren Metalle gefärbt, zum Teil sehr stark [1]). Infolge ihrer großen Unlöslichkeit werden auch starke Komplexbildungen zugunsten der Sulfidfällung gesprengt, z. B. $Hg(CN)_2$ [2]) und die meisten Doppelcyanide, ferner die NH_3-Komplexe u. ä. Die Sulfide solcher Metalle lösen sich nicht, wie die Mehrzahl ihrer Salze in NH_3, NaOH und meist auch nicht in KCN. Kochen mit Sodaüberschuß verändert die Sulfide nicht, auch durch Sodaschmelze wird nur HgS aufgeschlossen (S. 52). — Sulfide oxydieren sich besonders in feuchtem Zustand; je unlöslicher sie sind, um so schwerer. In der Hitze verbrennen alle, am leichtesten H_2S zu Oxyd und SO_2 („Rösten"), wenn sie nicht, wie Hg- und As-sulfide sublimieren. Polysulfide der Alkalien spalten bei hoher Temperatur und ungenügendem Luftzutritt sublimierenden S ab. „Oxydation" [3]) von As, Sb. Sn-Vbdgg. durch Polysulfide vgl. S. 64. — Polysulfide + KCN vgl. S. 112. — Hepar-Reaktion vgl. S. 109. —

Sulfate. X_2SO_4. Unlöslich können genannt werden Ba, Pb, Sr [4]) und basisches $Hg^{\cdot\cdot}$-Salz; wenig l. Ca, Ag und basisches Bi-Salz (näheres bei den betr. Metallen). Das auch in Säuren praktisch unlösliche Ba-Salz dient zum Nachweis des SO_4-Ions (vgl. S. 16). Nur sehr wenige Sulfate (Cr und $Fe^{\cdot\cdot\cdot}$) lösen sich in Alkohol. — Gefärbt sind nur solche „färbender" Kationen. Doch ist basisches Merkurisulfat gelb. Viele Sulfate werden durch Glühen mit einfacher Bunsen-

---

[1]) Koninck erwähnt ein rein weißes $CdZnS_2$. — Primäre und sekundäre Sulfide von Alk. u. alk. Erden sind farblos, Polysulfide gelb gefärbt.

[2]) Durch Eindampfen mit $Hg(CN)_2 \cdot NH_3$-Lösung und Glühen des Rückstandes lassen sich die Sulfide der Vitriolmetalle (Mn, Fe, Co, Ni, Zn, Cu) quantitativ in Oxyde überführen.

[3]) Oxydation im Ursinn des Wortes ist Übertragung von O. Im weiteren auch anderer El'e wie Cl od. S. („disponibler" Schwefel in Polysulfiden, Polythionaten u. Thiosulfat.) In neuerer Zeit haben sich auf organischem Gebiet viele Oxydationen als indirekt durch H-Wegnahme (Dehydrierung) erfolgend herausgestellt (C_2H_6O Alkohol ← C_2H_4O Aldehyd). Analoge Parallele zwischen Reduktion u. Entschwefelung (S. 92).

[4]) Es lösen sich in 1 Ltr. bei Ba 2.4 mgr, bei Pb 17.5 ×, bei Sr 54.8 ×, bei Ca 833 × mehr (d. h. 2 g $CaSO_4$ in 1 Ltr.)

flamme nicht verändert. Im Gasgebläse fangen Alkalisulfate an, sich langsam zu verflüchtigen. Thermische Zersetzung kann stattfinden mit und ohne Mitwirkung von H_2O bei Sulfaten schwächerer Basen und bei Bisulfaten. Schon $CaSO_4$ verliert bei langem heftigem Glühen etwas SO_3, mehr noch $MgSO_4$; Mn, Zn, Co, Ni, Cd, Cu-Sulfate erst bei so hoher Temperatur, daß dabei SO_3 dissoziiert in $SO_2 + O$. Die Sulfate von Al, Fe^3, Sn, Sb und Bi bilden bei starkem Glühen mehr oder minder reines Oxyd und SO_3 (kein SO_2). Bisulfate gehen bei Erhitzen über in Pyrosulfat und schließlich (die letzten Reste schwer) in normales Sulfat und SO_3 : $2\,KHSO_4 \rightarrow K_2S_2O_7 + H_2O \rightarrow K_2SO_4 + SO_3 + H_2O$. Auch die freie Säure zerfällt, beginnend schon beim Siedepunkt (338°), allmählich immer mehr in H_2O und SO_3. Die konz. Säure des Laboratoriums ist nicht das reine „Monohydrat" H_2SO_4, sondern eine rund 2 % H_2O enthaltende und daher zirka 10fach gewichtnormale eutektische Lösung (spez. Gew. 1.8). Sie ist farblos, geruchlos, ölig, hygroskopisch und kräftig oxydierend. Bei Verdünnen mit Wasser erhitzt sie sich sehr stark; man benutzt die hohe spezifische Wärme von H_2O und setzt dem Überschuß desselben die Säure allmählich zu. Verfährt man umgekehrt, so tritt infolge starker lokaler Temperatur-Steigerung Spritzen und Stoßen der Flüssigkeit ein. Außer der in der Analyse selten gebrauchten rauchenden Schwefelsäure ($H_2S_2O_7 = H_2SO_4 + SO_3$; Pyroschwefelsäure) pflegt man noch eine dil. 20 %ige d. i. 4 n-Säure im Laboratorium zu benutzen (spez. Gew. 1.14), die nicht mehr oxydiert. Konz. H_2SO_4 ist eine äußerst energisch wirkende chemische Sz. Wegen ihres hohen Siedepunktes „treibt sie alle flüchtigeren Säuren aus ihren Salzen aus", z. B. HCl aus NaCl, vgl. S. 86. (Unzersetzbarkeit von $HgCl_2$ u. a. vgl. S. 55, A. 2). Sie oxydiert Metalle zu Oxyden, die sie dann als Sulfate löst, z. B. Cu (Analogie mit HNO_3 vgl. S. 102 oben). Sie oxydiert auch Nichtmetalle wie P, C und S (aber nicht Jod). Die H-Verbindgg. von J, Br und S oxydiert (dehydriert) sie zu den freien Elementen, schließlich oxydiert sie viele organische Stoffe, die dadurch verkohlt (d. h. verbrannt) werden, z. B.

Rohrzucker. Je nach der Konzentration entstehen dabei verschiedene Reduktionsprodukte (SO_2, S, H_2S), besonders immer SO_2. Sie ist ein vorzügliches Lösungsmittel für alle möglichen Stoffe und wird als solches und als H_2O- abspaltendes Mittel in der organischen Chemie viel benutzt. Der Dissoziation nach ist diese konzentrierte Säure keine starke Säure, übt daher auch bei Ionenreaktionen (z. B. auf Carbonate oder auf Metalle) eine schwächere Wirkung aus als dil. Säure. Die Dissoziation erfolgt, wie bei allen mehrbasischen Säuren, stufenweis. Im Sinne $\rightarrow H + HSO_4$ ist sie stärker, im Sinne $\rightarrow 2H + SO_4$ etwas schwächer als die von HCl und HNO_3 [1]. Ihre mittlere Dissoziation verhält sich in $\frac{n}{10}$ Lösung zu jenen wie rund 2 : 3. In Übereinstimmung damit gibt es unlösliche Sulfate, die sich in HCl oder HNO_3 lösen ($CaSO_4$), aber kaum Beispiele für das Umgekehrte. – Von den unlöslichen Salzen lösen sich Ba- und Pb-Salz in konz. H_2SO_4 zu Bisulfaten, werden aber durch H_2O aus diesen Lösungen wieder gefällt. Betr. $PbSO_4$ vgl. auch S. 61. Aufschließen alkalischer Erdsulfate vgl. S. 17. Auch das in Wasser und Säure schwer lösliche Benzidinsulfat dient bisweilen zur Abscheidung und quantitativen Bestimmung von SO_4. Beim Glühen mit oder auf Kohle (mit dem Lötrohr, Hepar-Reaktion) mit Zn oder Fe werden Alkalisulfate, ~sulfite usw. zu Sulfiden reduziert. Erkennung derselben vgl. S. 104. Will man durch diese „Hepar-R." SO_4 in andern als Alkalisalzen nachweisen, so muß man Soda zusetzen, um die löslichen und allein glühbeständigen Alkalisulfide zu erhalten. – In H_2O-Lösung wirken Sulfate nie oxydierend. Erhitzt man Sulfate mit Kohle und einer feuerbeständigen Säure (Bor- oder Kieselsäure), so geht SO_2 flüchtig.

Doppelsulfate bilden sich aus 1-wertigen Alkalimetallen a) mit den 2-wertigen sog. Vitriolmetallen (Cu, Zn, Fe, Co,

---

[1]) Aus heiß gesättigten Bisulfatlösungen bilden sich aus den Ionen (z. B. K, H, SO_4, HSO_4, KSO_4), je nach den „äußeren Bedingungen", und kommen beim Erkalten neben $KHSO_4$ zur Ausscheidung, Gemische weniger und stärker saurer Vbdgg. ($KHSO_4 \cdot H_2SO_4$ übersaures Salz).

Ni, Mn); b) mit den 3-wertigen „Alaunmetallen" (Fe^3, Al, Cr, Mn^3). Die Glieder jeder einzelnen Klasse zeigen viele Ähnlichkeiten. Als typische echte Doppelsalze pflegt man sie den Komplexsalzen gegenüberzustellen.

Thiosulfate [1]. $X_2S_2O_3 = O_2S{<}^{OX}_{SX}$. Die gegen Lakmus kaum alkalisch reagierenden farb- und geruchlosen Salze entstehen bei alkalischer Oxydation von Sulfid oder Sulfit in Gegenwart von S, z. B. aus dem CaS des Leblanc-Prozesses, aus Alkalipolysulfiden allmählich schon durch Luftsauerstoff, oder durch hydrolytische Disproportionierung von S unter dem Einfluß von Alkali auf nassem oder trockenem Wege: **1.** Kochen von S mit Ätzkali. Die R. $3\,S + 2\,H_2O \leftrightarrow 2\,H_2S + SO_2$ gewöhnlich von rechts nach links praktisch vollständig verlaufend [2], wird durch Alkaliüberschuß im Sinne $\rightarrow$ stabilisiert [3]. Gebildetes Sulfit geht dabei durch S-Überschuß über in $K_2S_2O_3$, Sulfid ev. in Polysulfid: $12\,S + 6\,KOH \rightarrow K_2S_2O_3 + 2\,K_2S_5 + 3\,H_2O$. **2.** Schmelzen von S mit Alkalicarbonat ($4\,S + 3\,K_2CO_3 \rightarrow K_2S_2O_3 + 2\,K_2S + 3\,CO_2$). Bei zu starker Erhitzung zersetzt sich Thiosulfat: $4\,Na_2S_2O_3 \rightarrow 3\,Na_2SO_4 + Na_2S_5$; gebildetes Polysulfid färbt die Schmelze dunkel. **3.** Auflösung von S in kochender Sulfitlösung. Die zugrunde liegende hypoth. Bildungsreaktion $S + SO_2 + H_2O \rightarrow H_2S_2O_3$ verläuft umgekehrt beim Ansäuern der Thiosulfate, wobei statt freier Thioschwefelsäure SO_2 und S entsteht. [Nichtexistenz primärer Thiosulfate (KHS_2O_3).]

[1]) Früher auch bezeichnet als unterschwefligsaure Salze oder Hyposulfite (Natr. subsulfurosum), Namen, die jetzt Salzen vom Typus $Na_2S_2O_4$ (vgl. S. 114) gegeben werden, um so mehr, als deren sonstige Bezeichnung als „Hydrosulfite" wieder Anlaß zur Verwechslung gibt mit primären Sulfiten ($NaHSO_3$). Da viele Bücher noch die alten Namen für Thiosulfat gebrauchen, so könnte man $Na_2S_2O_4$ unterscheidend als „wahres" unterschwefligsaures Salz oder „Hyposulfit" bezeichnen. Unterschwefelsäure, alter Name für Dithionsäure (vgl. S. 114 ff).

[2]) Vgl. damit S. 95; Cl + HOH.

[3]) Auch in sehr schwach saurer Lösung kann Thiosulfat entstehen nach dem Schema $2\,H_2S + 4\,H_2SO_3 + 3\,K_2O \longrightarrow 3\,K_2S_2O_3 + 6\,H_2O$; gleichgültig, welche H-Atcme durch K substituiert werden, ist die Acidität dabei genauestens einzuhalten (B. 57, 259). — Schließlich auch noch $K_2SO_3 + K_2S + J_2 \longrightarrow K_2S_2O_3 + 2\,KJ$.

Anfangs entsteht eine klare Lösung [1]), erst nach einigen Augenblicken scheidet sich S als feine weiße Milch, später als gelblicher Satz ab. Durch vorhergehenden Sulfitzusatz wird die Zersetzung durch S'en merklich gehemmt (M. W.). Zuerst tritt dann Gelbfärbung auf. [Bei der Zersetzung von Thio- durch $H^{\cdot}$ entsteht nebenher etwas, bei Zusatz von $KAsO_2$ (Katalysator) n u r Pentathionsäure $5\,K_2S_2O_3 + 10\,HCl \rightarrow 2\,H_2S_5O_6 + 10\,KCl + 3\,H_2O$. Aus SO_2 oder $KHSO_3$ und Thio- entsteht je nach R's-Bedingungen Tri- u. Tetrathionat.] Stark hydrolysierte Salze, z. B. von Al und Cr, wirken wie Säuren, wobei sie gleichzeitig als Hydroxyde gefällt werden. CO_2 dagegen wirkt nur sehr wenig, Bor- und arsenige Säuren gar nicht ein. Die Mehrzahl der Salze ist l. in H_2O, nicht in Alkohol. Als unlöslich sind zu nennen Ba-, Ag- und Pb-Salz. Löslichkeit in Alkalithiosulfat-Überschuß vgl. S. 76. – (K-Bi-Thiosulfat S. 9.) Das nur in viel heißem H_2O lösliche, im $Na_2S_2O_3$-Überschuß nichtlösliche Ba-Salz bildet hartnäckig übersättigte Lösungen. Bei Siedetemperatur zersetzen sich das Ca-Salz in $CaSO_3 + S$; Ag- und Pb-Salz in Sulfid und H_2SO_4: $Ag_2S_2O_3 + H_2O \rightarrow Ag_2S + H_2SO_4$. Doppelsalze (Na mit Ag oder Sb oder As) geben Na-trithionat neben Schwermetall-Sulfid: $2\,NaAgS_2O_3 \rightarrow Ag_2S + Na_2S_3O_6$. Andere Thiosulfate werden so leicht umgewandelt, daß man mit $Na_2S_2O_3$ direkt die betr. Sulfide fällen kann, wie mit H_2S, z. B. $Cu^{\cdot\cdot}$-Salzlösung als $Cu_2S + S$. Als mittlere Oxydationsstufe ist Thiosulfat a) reduzierbar, und zwar geht sein S-Gehalt mit Zn und Säure ganz in H_2S, mit Al und Lauge zur Hälfte in Alkalisulfid über [2]); b) oxydierbar, z. B. mit Cl oder Br zu Bisulfat: $5\,H_2O + Na_2S_2O_3 + 4\,Cl_2 \rightarrow 2\,NaHSO_4 + 8\,HCl$; mit Jod in alkalischer Lösung zu Sulfat: $K_2S_2O_3 + 10\,KOH + 8\,J \rightarrow 2\,K_2SO_4 + 8\,KJ + 5\,H_2O$, in neutraler und saurer dagegen zu Tetrathionat: $2\,Na_2S_2O_3 + 2\,J \rightarrow Na_2S_4O_6 + 2\,NaJ$ [3]); mit H_2O_2 zu Trithionat $Na_2S_3O_6$

[1]) Daß diese schon S in kolloidaler Form enthält und nicht Thioschwefelsäure, wird daraus gefolgert, daß, auch wenn man die Lösung nachträglich alkalisch macht, trotzdem bald S ausfällt.

[2]) $3\,K_2S_2O_3 + 2\,Al + 6\,K_2O \rightarrow 2\,Al(OK)_3 + 3\,K_2S + 3\,K_2SO_3$.

[3]) Umgekehrt wird Tetrathionat durch K_2S zu Thiosulfat reduziert $K_2S_4O_6 + K_2S \rightarrow 2\,K_2S_2O_3 + S$. — Trithionat entsprechend: $K_2S_3O_6 + K_2S \rightarrow 2\,K_2S_2O_3$.

und Sulfat; c) disproportionierbar zu S und SO_2 oder zu Sulfid und Sulfat (vgl. oben); d) kondensierbar zu Pentathionsäure (vgl. S. 114 ff.). — $FeCl_3$ gibt auch in großer Verdünnung eine schnell vergängliche Violettfärbung, später entsteht Ferrosalz und Schwefel. $K_2Cr_2O_7$ und Säure bildet Schwefel und Chromisalz. — Im Thiosulfat ist die Hälfte des Schwefels lockerer gebunden („disponibler Schwefel"), daher hat es manche „Entschwefelungs"-R'en gemeinsam mit den Polysulfiden und Thionaten (vgl. S. 107): Einfache Cyanide z. B. werden von ihnen in Rhodanide, Arsenite in Sulfoxyarsenate, Zn-Staub beim Kochen in ZnS übergeführt. Thiosulfat als starker Komplexbildner, vgl. S. 76.

Sulfite. X_2SO_3. Das gasförmige Anhydrid SO_2, kenntlich am zu Husten reizenden, in Verdünnung etwas an Essigsäure erinnernden Geruch (nach „brennendem Schwefel") entsteht aus Sulfiten mit stärkeren Säuren an Stelle des nicht isolierbaren H_2SO_3, ferner bei Reduktion von konz. H_2SO_4 mit C, S, Cu u. a. Metallen, und bei Verbrennen von S und Sulfiden (Rösten der Kiese). Es bleicht, desinfiziert, trübt Barytwasser ($\sim CO_2$), aber nicht Kalkwasser (diff. CO_2), wirkt oxydierend und reduzierend (vgl. unten), färbt z. B. mit $HgNO_3$ getränktes Papier grau durch Hg-Metall. Es ist bis rund 12 %, also viel stärker l. in H_2O als CO_2 (0.2 %). In der Lösung ist neben H, HSO_3' und etwas SO_3'' vor allem den Geruch bedingendes unverändertes SO_2 enthalten. — Löslich sind die Alkali- und Mg-sulfite und die Bisulfite (soweit bekannt). An der alkalischen R. sekundärer, der neutralen primärer Alkalisalze erkennt man die Schwäche der Säure. Je nach ihrer größeren oder geringeren Unlöslichkeit werden die Salze zersetzt und gelöst durch schwächere oder stärkere S., nicht durch Bor- oder Kohlensäure. Sulfite (neutrale) riechen daher nicht. Sie lösen sich dagegen vielfach in SO_2 und in Alkalisulfitüberschuß (vgl. S. 76 ff). Bei Ba ist das Sulfit stärker, bei Sr und Ca weniger l. als das Sulfat. Mit H_2SO_3 lassen sich indessen Ba-Salze schwacher Säuren fällen; $BaSO_3$ löst sich praktisch nicht in H_2SO_3 oder E. S. (diff. CO_2), $SrSO_3$ und noch mehr $CaSO_3$ dagegen ist lösl. in H_2SO_3;

$CaSO_3$ auch in E. S. Die betr. Bisulfitlösungen werden beim Kochen je nach Bedingungen ganz oder zum Teil gefällt. — Sulfite zersetzen sich: die freie Säure, im Moment des Entstehens in $H_2O + SO_2$ ($\sim H_2CO_3$), Alkalisulfite bei trockenem Erhitzen unter „Disproportionierung" in Sulfat und Sulfid [1]). Wenn x Atome Sulfatschwefel entstehen (= 6 x W), und y Atome Sulfidschwefel (= − 2 y W), so müssen (x + y) Sulfitschwefel-Atome [= (4 x + 4 y) W] an der Zersetzung teilnehmen, so daß die Gleichung gilt $4x + 4y = 6x - 2y$ oder es muß dreimal soviel Sulfatschwefel wie Sulfid entstehen: $4\,Na_2SO_3 \rightarrow 3\,Na_2SO_4 + Na_2S$. Die Zersetzung der übrigen Sulfite erfolgt ähnlich, jedoch läuft nebenher eine der der freien S. und der Carbonate ähnliche Zersetzung in Me-oxyd + SO_2. Die thermische Zersetzung der Bisulfite ist ein wenig einfacher Vorgang. Sulfite leicht reduzierbarer Basen sind intramolekularer Oxydation fähig: $H_2O + Ag_2SO_3 \rightarrow Ag_2 + H_2SO_4$ [2]). Ähnliche Umsetzungen mit Ferri- und Cupri-Vbdgg. H_2O-Lösgg. der Salze [3]) wie der Säure gehen an Luft bald in Sulfat über (erstere schneller). Sie sind daher Reduktionsmittel, besonders stark die Säure selbst. Beispiele: **1.** freie Halogene → Halogenwasserstoff. **2.** Kationen höherer in die niedrigere Wertigkeit [$Cu^{\cdot\cdot}$, $Fe^{\cdot\cdot\cdot}$, $Hg^{\cdot\cdot}$ [4]), Sn^4, Sb^5-Vbdgg.] oder bis zum Metall (z. B. Hg). Als Oxydationsprodukt des Sulfits tritt dabei neben SO_4 auch auf Dithionat (z. B. mit $KMnO_4$). **3.** Anionen: Halogenate → Halogenide; Arsenate → Arsenite; Chromate → Chromisalz. **4.** $PbO_2 \rightarrow PbSO_4$; $MnO_2 \rightarrow MnS_2O_6$ (Dithionat vgl. S. 62). Als mittlere Oxydationsstufe vermag SO_2 andrerseits zu oxydieren. Beispiele: Zn + HCl gibt H_2S; $SnCl_2$ + HCl

[1]) Beim Erhitzen im zugeschmolzenen Rohr zerfällt auch die freie Säure analog: $4\,H_2SO_3 \rightarrow 3\,H_2SO_4 + H_2S$.

[2]) Bei Temperaturen unter 100° entsteht auch Ag-dithionat (S. 114 ff.). Nach Baubigny C. 10, 1, 245 scheint das nicht zu stimmen. Nicht Temp., sondern andere Einflüsse seien maßgebend: K_2SO_3-Überschuß.

[3]) Verzögernd wirken dabei organische Stoffe wie Alkohol, Glyzerin u. a., beschleunigend Nitrate (bzw. Stickoxyde) und sonstige schnell durch Luft oxydable und durch Sulfite wieder reduzierte Stoffe.

[4]) $Hg(NO_3)_2$ viel leichter als $HgCl_2$.

gibt SnS_2 [1]), mit H_2S tritt Abscheidung von S ein [2]). Mg-Metall angezündet, brennt in SO_2 unter S-Abscheidung. Mit Nitroprussidalkali, K_4Cy_6Fe und $ZnSO_4$ geben lösliche Sulfite einen roten Niederschlag, läßt man das K_4Cy_6Fe weg, so entsteht eine rote Lösung (Bödekers R. — Nachweis neben Thiosulfat). In trockener Form sind auch Pyrosulfite (Metabisulfite), z. B. $K_2S_2O_5$, bekannt. —

„Hyposulfite" [früher Hydrosulfite genannt [3])]. $X_2S_2O_4$. — Die stark und sehr schnell [4]) reduzierenden [5]), sauer reagierenden Salze [6]) zersetzen sich a) beim Lösen in heißem H_2O in Bisulfit und Thiosulfat [7]); dem entspricht ihre Zersetzung b) beim Ansäuern (die an vorübergehender Rotgelbfärbung kenntliche freie Säure zerfällt in SO_2, S und H_2O), c) beim trockenen Erhitzen [8]); es entweicht viel SO_2, ev. etwas S, und hinterbleibt Sulfid (oder Poly ~) und Sulfat. Polysulfide zersetzen Hydrosulfit schon in der Kälte stürmisch ($\rightarrow SO_2 + H_2S$). Monosulfide gar nicht. Mit Ag-, Hg-, Cu-Salz entstehen deren Metalle und Metallsulfide. (Aus Cu-NH_3-Lösung kann ein Cu-Spiegel erhalten werden.) Sie entfärben Indigo und Lakmus, deren Farbe durch Luftoxydation allmählich wiederkehrt und färben Titanlösung rotgelb (~ H_2O_2). Wasserfreies $Na_2S_2O_4$ ist sehr viel beständiger und löslicher als $Na_2S_2O_4 \cdot 2\,H_2O$.

Polythionate: S_2O_6'' [9]); S_3O_6''; S_4O_6''; S_5O_6''; S_6O_6'';
Di-, Tri-, Tetra-, Penta-, Hexa-Thionat.

[1]) Da pro Atom S sechs Wertigkeiten verfügbar sind ($\overset{+4}{S} \dashrightarrow \overset{-2}{S}$), so können 3 Sn^2 dadurch übergehen in 3 Sn^4. Die Bildung von SnS_2 erfordert das Verhältnis 2 SO_2 und 6 Sn, von denen aber nur 1/6 in SnS_2 übergehen kann: $6\,SnCl_2 + 2\,SO_2 + 8\,HCl \rightarrow 5\,SnCl_4 + SnS_2 + 4\,H_2O$.

Gewisser organischer Derivate wegen wird der schwefligen S. eine unsymmetrische Formel HSO_2OH zuerteilt. Die Wertigkeit des S darin ist trotzdem = 4, wenn man von den 5 positiven Sauerstoff-Wertigkeiten die eine H-Wertigkeit abzieht.

[2]) Nebenher entsteht Tetra- und Pentathionsäure (Wackenrodersche Lösung). (S. 115, A. 5.)

[3]) Den Namen betr. vgl. S. 110, Akg. 1.

[4]) Ähnlich wie die Hypophosphite.

[5]) Besonders in alkalischer Lösung absorbieren sie begierig Luftsauerstoff.

[6]) Bekannt von Alkalien, Ca u. Zn.

[7]) $2\,K_2S_2O_4 + H_2O \dashrightarrow K_2S_2O_3 + 2\,KHSO_3$. (Schematisch: $S_2O_3 = SO + SO_2$.)

[8]) $8\,K_2S_2O_4 \rightarrow 6\,K_2SO_4 + K_2S + K_2S_3 + 4\,SO_2$.

[9]) Die Di-Vbdg., von den andern stark verschieden, ist nur formal das Anfangsglied der Reihe, als welches manche vielmehr Thios. ansehen.

Die S-ärmste Tri-Säure stellt die höchste, die Hexasäure die niedrigste Oxydationsstufe der Reihe dar. Bei trockenem Erhitzen zersetzen sich alle in SO_2 und Sulfat, wobei die „höheren" (S größer als 2) gleichzeitig S abscheiden [1]. Die höheren zersetzen sich (Salze wie Säuren), entsprechend auch beim Kochen ihrer Lösungen [2]; Dithionate beim Kochen mit HCl, langsamer mit H_2SO_4 acidolytisch. Die H_2O-Lösgg. der nur als solche erhältlichen Säuren sind (von Tri- bis Hexa-zunehmend) beständiger als die ihrer Salze. Hexa- u. Penta-Salze sind schwer herzustellen und wenig beständig. In alkalischem Medium [3] disproportioniert sich z. B. der Tetra-Typus [4] nach $2\ K_2S_4O_6 \rightarrow K_2S_5O_6 + K_2S_3O_6$. Sekundär zersetzen sich dabei alkalo-lytisch

$$2\ K_2S_5O_6 + 3\ K_2O \rightarrow 5\ K_2S_2O_3$$
$$2\ K_2S_3O_6 + 2\ K_2O \rightarrow 2\ K_2SO_4 + 2\ K_2S_2O_3$$ [5]),

also in Summa $4\ K_2S_4O_6 + 2\ K_2O \rightarrow 2\ K_2SO_4 + 7\ K_2S_2O_3$.
Mit $Hg(CN)_2$ werden bei den höheren 2 S-Atome in SO_4, eines in HgS übergeführt. Der Rest fällt als S nieder: $K_2S_4O_6 + Hg(CN)_2 + 2\ HOH \rightarrow 2\ HCN + HgS + 2\ KHSO_4 + S$. — KCN entschwefelt ebenfalls die 3 höheren. Kalte Oxydations- und Reduktionsmittel wirken langsam oder gar nicht ein. — Die Mehrzahl der bekannten Salze ist löslich (z. B. Pb-tetrathionat). Aus den hellen Ag und Hg-N'en entstehen beim Kochen Sulfide. Cu-Salze werden nur bei langem Kochen gefällt. — Ag-NH_3-Lösung wird allein durch Penta- sofort braun gefärbt, später schwarz gefällt. — Penta-Vbdgg. entfärben Indigo bei Alkali-Zusatz. — Die Thionsäuren sind starke Säuren mit neutral reagierenden Alkali-Salzen. — Die Di-Vbdgg. stehen durch größere Beständigkeit (thermisch, gegen H' und OH', gegen Oxydations- und Entschwefelungsmittel)

---

[1]) Z. B. $K_2S_4O_6 \rightarrow K_2SO_4 + SO_2 + 2\ S$.

[2]) Bei Penta- entsteht anfangs etwas H_2S. — Auch Thio-Lösung scheidet bei langem Kochen etwas S aus (Mendelejeff).

[3]) Vgl. die Unbeständigkeit anderer kompl. Anionen gegen OH, S. 78, A. 5; 90 oben; 121, 123.

[4]) Die TetraVbdg. ist der beständigste Polythionat-Typus.

[5]) Mit starker Lauge statt dessen anders (und schwer erklärlich)

$$2\ K_2S_3O_6 + 3\ K_2O \rightarrow 4\ K_2SO_3 + K_2S_2O_3$$

oder in summa $4\ K_2S_4O_6 + 6\ K_2O \rightarrow 4\ K_2SO_3 + 6\ K_2S_2O_3$. (Vgl. S. 111, A. 2). In saurem Medium umgekehrt „Symproportionierung" $H_2S_3O_6 + H_2S_5O_6 \rightarrow 2\ H_2S_4O_6$. Die aus $SO_2 + H_2S$ entstehende Wackenrodersche Polythionsäure-Lösung enthält daher im wesentlichen die Mittelglieder Penta- u. Tetrasäure — Aus io- entsteht leicht höhere P. Th. S'e, aus diesen (+ K_2O) wieder io- (Ketten-R.).

und den Mangel aller Fällungsreaktionen [1]) in deutlichem Gegensatz zu den höheren. (Über Hexathionate $X_2S_6O_6$ vgl. B. 61, 399.)

HSH Schw.-wasserstoff	KHS Hydrosulfid	Man vergleiche das entsprechende Kapitel größerer Lehrbücher (z. B. Hofmann s. S. 170).	
S_2H_2 bis S_5H_2 Poly-schwefel-wasserstoffe	K_2S_2 — K_2S_5 Polysulfide		
S Schwefel			
(SO) (S-Monoxyd)	$KHSO_2$ Sulfoxylat	$K_2S_2O_3$ Thiosulfat	$K_2S_5O_6$ Pentathionat
(S_4O_5) hyp.			$K_2S_4O_6$ Tetrathionat
S_2O_3 S-Sesquioxyd		$K_2S_2O_4$ „Hyposulfit" [2])	
(S_3O_5) hyp.			$K_2S_3O_6$ Trithionat
SO_2 S-dioxyd	$KHSO_3$ primäres Sulfit	$K_2S_2O_5$ Pyrosulfit	
(S_2O_5) hyp.		$K_2S_2O_6$ Dithionat ←	$K_2S_2O_6$
SO_3 S-trioxyd	$KHSO_4$ primäres Sulfat	$K_2S_2O_7$ Pyrosulfat	
S_2O_7 S-Peroxyd		$K_2S_2O_8$ Persulfat	
(SO_4) (S-Tetroxyd) hyp.	$KHSO_5$ Salz der Caroschen Säure		

Carbonate. X_2CO_3. Löslich sind alle Carbonate der Alkalien (betr. Li vgl. S. 15) und die in fester Form nicht isolierbaren Bicarbonate von alk. Erden [3]), Mg, Mn und $Fe^{\cdot\cdot}$. Soda fällt aus Metallsalzen neutrale Carbonate (Ba, Sr, Ca, Ag, $Hg^{\cdot}$, $Fe^{\cdot\cdot}$, $Mn^{\cdot\cdot}$, Cd) oder Hydroxyde neben CO_2 (Al, $Fe^{\cdot\cdot\cdot}$, Cr, Sb, Sn) oder basische Salze (alle übrigen), deren Zusammensetzung je nach Temperatur und Konzentration wechselt. $Hg(CN)_2$ und Metalle der komplexen Anionen (S. 76) werden nicht gefällt. Die N'e können sich, besonders in der Hitze, sekundär verändern durch Hydrolyse (Ag, Cu), Oxydation [ev. Disproportionierung ($Hg^{\cdot}$)], oder beides ($Fe^{\cdot\cdot}$). Die Unlöslichkeit

[1]) Analogie mit Nitraten. Vgl. die Typen $H_2X_2O_8$ u. HXO_4 (u. S. 97, A. 4 und 95, A. 2.

[2]) Vgl. S. 110, A. 1.

[3]) Vgl. S. 16, A. 2.

der Carbonate ist der Größenordnung nach nicht so verschieden wie die der Phosphate oder gar Sulfide, da sie unterschiedlos auch durch schwache Säuren (E. S.) zersetzt und oft gelöst werden [1]). Die in der Natur vorkommenden Carbonate („Spate") reagieren indes meist sehr viel langsamer, besonders auch mit konzentrierter S. und in Form unzerkleinerter Stücke (Rose). Statt der zu erwartenden wahren Kohlensäure H_2CO_3 erhält man dabei Kohlendioxyd oder Kohlensäure-Anhydrid CO_2. Dieses unter Aufbrausen entweichende, fälschlich oft „Kohlensäure" genannte Gas entsteht auch beim Erhitzen aller Carbonate (ausg. Alkali- und Ba-) und bei Oxydation von Kohlenstoff und C-haltigen (organischen) Stoffen [2]) auf nassem (z. B. Oxalat + $KMnO_4$ + $H^{\cdot}$) oder trockenem Wege. Bei der Verbrennung entsteht, wenn genügend Sauerstoff vorhanden, CO_2 auch ohne Katalysatoren, aus anfänglich gebildetem CO. Es ist ein farbloses, schweres, stechend und prickelnd säuerlich schmeckendes und riechendes, Flamme und Leben erstickendes Gas, das mit Kalk- oder Barytwasser weiße N'e der betr. Carbonate bildet, mit NH_3 aber keine Nebel erzeugt. In Metallsalzlösungen geleitet, gibt es im allgemeinen keine N'e, da diese in der Säure, die sich zugleich bilden müßte, zu leicht l. sind. (Ausnahme: Bleiweiß aus Pb-Essig und CO_2 vgl. S. 61.) Da H_2O bei gewöhnlichen Bedingungen von Temperatur und Druck ein gleiches Volum des Gases löst, so enthält die gesättigte Lösung nur rund 0,2 %. (CO_2-Gehalt destillierten Wassers!) Blaues Lakmuspapier wird dadurch gerötet, nach einiger Zeit aber wieder blau (!?) [3]). Man nimmt daher in der Lösung das Hydrat einer schwachen Säure [4]) H_2CO_3 an, bzw. seine Ionen H und HCO_3, daneben außer sehr wenig CO_3 den

[1]) Betr. Pb-Carbonat u. E. S. vgl. S. 61.

[2]) Enthalten dieselben noch Alkalimetall, so bleibt die diesem äquivalente Menge CO_2 als Alkalicarbonat gebunden: Weinstein geglüht gibt K_2CO_3.

[3]) Vgl. S. 10, Akg. 1: Verhalten des Ammoniaks.

[4]) Da CO_2-haltiges Wasser, wenn der CO_2-Gehalt eine gewisse Grenze überschreitet, eiserne Rohr-Leitungen korrodieren kann („aggressive Kohlensäure"), so wird neuerdings die Ansicht vertreten, H_2CO_3 müsse keine schwache, sondern eine stärkere Säure sein, als die erheblich saure Ameisensäure HCOOH. Nur deswegen, weil die gesättigte Lösung sehr wenig enthält, und davon wieder nur einen geringen Bruchteil als

größten Teil als unverändertes CO_2. Beim Schütteln, bei Temperatur-Erhöhung und Druckminderung entweicht CO_2. Ist daher durch Zusatz stärkerer S. zu Carbonaten in Wasser Gelegenheit gegeben zur Entstehung größerer, als dem Gleichgewicht entsprechender Mengen des Hydrates, so zerfällt dasselbe sofort unter Aufbrausen bis auf jene geringe Menge, bei Siedetemperatur vollständig, in H_2O und CO_2. Kohlensäure selbst zersetzt andererseits löslichere Salze noch schwächerer Säuren, z. B. Hypochlorite, Cyanide, Aluminate, Sulfide, tertiäre Phosphate, Borate, Silikate bei Z. T., während in offenem Gefäß bei Schmelzhitze umgekehrt Al_2O_3, SiO_2, B_2O_3 u. a. Soda mit Leichtigkeit zersetzen („Aufschließen"). Wenn Druck und Temperatur hoch genug sind, zersetzt H_2CO_3 viele Mineralien (z. B. im Erdinnern); sehr langsam auch unter gewöhnlichen Bedingungen (Verwittern der Gesteine). Von Oxyden und Hydroxyden (Alkalien, alk. Erden, Zn, Cd, Mn, Pb) wird CO_2 absorbiert, leicht nur bei Gegenwart von wenigstens Spuren H_2O:

$$CaO + CO_2 + 2\,H_2O \rightleftarrows Ca(OH)_2 + H_2CO_3 \rightleftarrows CaCO_3 + 2\,H_2O.$$

Die Carbonate sind andererseits dissoziierbar in CO_2 und Metalloxyd [1]) [oder Hydroxyd oder basisches Carbonat]. Einige praktisch vollständig, schon bei Z. T. (H, Al, $Fe^{\cdots}$, Cr, Sn^4, Sb), einige (z. B. Cu, Ag) bei Kochen unter Wasser, was durch OH-Überschuß katalytisch beschleunigt wird. Andere unter Bildung basischer Salze. Beim Zerfall gebildetes CO_2 entweicht, oder es hält in der Kälte einen Teil des N'es in Lösung als Bicarbonat (Mg, Zn, Cu), so daß die Fällung erst vollständig wird beim Kochen durch Zersetzung des Bicarbonats. Löslichkeit in Sodaüberschuß vgl. S. 76, Akg. 3. — Die große Mehrzahl gibt erst beim Glühen CO_2 ganz ab; die „Brenntemperatur" ist verschieden hoch, für $CaCO_3$ z. B. höher als für $MgCO_3$, für Gestein höher als für künstliche

echtes Säurehydrat, würde sie dann als schwache S. erscheinen. Indes reagieren Alkalicarbonatlösungen stark alkalisch; Alkaliformiate aber neutral. (Ähnliches ist auch vom Ammoniak behauptet worden.)

[1]) Die entstehenden Oxyde können sich sekundär weiter verändern: bei Ag und Hg erhält man schließlich die Metalle, bei Mn und Co die Oxyde M_3O_4.

Carbonate. Auch dies wird durch Spuren H_2O begünstigt [1]). Sogar die praktisch glühbeständigen Carbonate der Alkalien und des Ba können, im Dampfstrom stark erhitzt, weitgehend hydrolytisch zersetzt werden. Beim Lösen oder bei Suspension in H_2O zeigt sich dies schon bei Z. T. an alkalischer R., kräftig bei den sekundären löslichen, weniger bei den sog. unlöslichen, und bei den primären Alkalicarbonaten, die Phenolphthalein und Kurkuma kaum mehr umfärben, Jod nicht entfärben und mit $Hg^{\cdot\cdot}$-Salzen keine Fällung geben. Man beobachtet daher an Alkalicarbonatlösungen nicht nur CO_3-, sondern auch OH-Reaktionen und erhält z. B. mit $AgNO_3$ Fällungen, die mit Konzentration und Temperatur steigend gelb bis braun werden durch Ag_2O. Verhalten gegen $HgCl_2$ und $Hg(CN)_2$ vgl. S. 55 [2]). Alkalicarbonat verliert in Lösung mit steigender Temperatur allmählich immer mehr CO_2, vollständig allerdings nur schwer. Beim Glühen mit oder auf Kohle geben die Carbonate schwererer Metalle oder mit Soda zusammen geglühte andere Salze derselben, CO und das betr. Metall. Anwendung der Soda in der Analyse zur Herstellung einer die Anionen der Sz. enthaltenden Lösung (Sodaabkochung oder Sodaschmelze) oder einer oxydierenden, reduzierenden oder sulfierenden Schmelze bei Glühen auf Kohle mit Soda und KNO_3., KCN, Schwefel, kurz als alkalisches Aufschlußmittel (vgl. II, 45—50).

Phosphate. — Von l.'en Salzen der P-Säure, H_3PO_4 sind die primären hygroskopisch und reagieren gegen Lakmus sauer [Ca- (nicht die Alkalisalze) auch gegen Dimazo], sekundäre [3]) gegen Lackmus deutlich, gegen das weniger OH-empfindliche Phenolphthalein nur schwach, bei NaCl-Zusatz gar nicht alkalisch. tertiäre stark alkalisch. Die H_3PO_4-Dissoziation in H und H_2PO_4 ist mittelstark [$>$ Essigsäure [4])], die von H_2PO_4 in H und HPO_4 $<$ E. S. $>$ Kohlensäure, die von HPO_4 in H und PO_4 $<$ Kohlensäure. In Lösung geht daher unter Bil-

[1]) Vgl. S. 18, Akg. 4.

[2]) Ammoncarbonatlösung (S. 8, Akg. 3) verhält sich wie sehr dil. NH_3 Lösg., indem sie AgCl und die Carbonate von Cu, Ag, Zn, Co, Ni (nicht von Cd) auflöst.

[3]) Das „phosphorsaures Natron" genannte Reagens ist $Na_2HPO_4 \cdot 12\,H_2O$ — Für die Perl-R. (vgl. II, 25) dient Phosphorsalz $NH_4 \cdot NaHPO_4 \cdot 4\,H_2O$

[4]) $>$ stärker als —, $<$ schwächer als —.

Phosporhaltige Anionen

Phosphorwasserstoffe PH_3 (Gas) $(PH_2)_2$ flüssig $(P_2H)n$ fest	[1]		Man vergleiche das entsprechende Kapitel größerer Lehrbücher (z. B. Hofmann s. S. 247)	
P Phosphor				
[P_2O?]	H_3PO_2 Unterphosphorige S.			HPO_2 meta-phosphorige S'n.
P_2O_3 Trioxyd	H_3PO_3 Phosphorige S.	$H_4P_2P_5$ Pyrophosphorige S'n.		
P_2O_4 Tetroxyd		$H_4P_2O_6$ [2] Unterphosphor-S.		
P_2O_5 **Pentoxyd**	H_3PO_4 ortho-P-Säure	$H_4P_2O_7$ Pyrophosphor-S	— — Poly-meta-Phosphorsäuren	HPO_3 meta-P. Säure

dung von KOH das PO_4 von K_3PO_4 weitgehend über in HPO_4 und etwas in H_2PO_4; HPO_4 der sekundären z. T. in H_2PO_4. Tertiäre lösliche Salze, trocken unverändert haltbar, absorbieren in Lösg. CO_2: $K_3PO_4 + H_2CO_3 \rightarrow K_2HPO_4 + KHCO_3$. — Die Eigenschaften von H_3PO_4[3]) sind für analytische Charakterisierung des Phosphations ungeeignet. Als analytische Merkmale dienen unlösliche Salze, und zwar, wie immer, besonders die auch in Säuren unlöslichen. Die bekannten primären Phosphate sind in H_2O l., die sekundären und tertiären mit Ausnahme derer der Alkalien unlöslich, besonders die tertiären. Na_2HPO_4 fällt die meisten Kationen als tertiäre Phosphate. Die Lösung muß daher sauer

[1]) Ein selbstentzündliches, nach faulen Fischen riechendes Gemisch von PH_3 und P_2H_4 entsteht beim Kochen von P mit Lauge.

[2]) Vgl. S. 95, Akg. 2 u. Hofmann, S. 248.

[3]) In reiner Form ein farb- und geruchloser Sirup, zeigt keine oxydierenden Eigenschaften, spaltet bei hoher Temperatur in H_2O und nichtflüchtige Pyro- und weiter in Metaphosphorsäure, $H_4P_2O_7$ (P_2O_5 . 2 H_2O) und HPO_3 ($P_2O_5 \cdot H_2O$). Letztere ist erst bei sehr hoher Temperatur unzersetzt flüchtig. Die schwache Phosphorsäure zersetzt daher in der Hitze Salze stärkster, aber flüchtigerer Säuren (z. B. NaCl).

werden (vgl. S. 19) wie bei Fällung von Chromaten mit Dichromat (S. 37), und die Fällung wird, je höher Temperatur und Konzentration, um so unvollständiger sein. Bei Fällung des gelben Ag-Salzes z. B. könnte nach 9 $AgNO_3$ + 3 Na_2HPO_4 → 2 Ag_3PO_4 + 3 $AgNO_3$ + H_3PO_4 + 6 $NaNO_3$ im äußersten Falle $^1/_3$ des Silbers gelöst bleiben[1]). Seine Unlöslichkeit (auch in kalter E. S.) ist genügend groß, daß sich viele andere sog. unlösliche Phosphate mit $AgNO_3$ gelb färben. — Alkalische Erdphosphate vgl. S. 19; $MgNH_4PO_4$ S. 22, und Akg. 5.

Die Löslichkeit der Phosphate ist sehr verschieden. Schwer l. in HNO_3 sind die von Sn^4 und Bi, in E. S. die von Fe, Al, Cr, Pb, Ag. Zu qualitativem und quantitativem Nachweis dient das gelbe NH_4-Salz des in stark saurer Lösung sich bildenden[2]) Komplexes der Heteropolysäure $H_3PO_4 \cdot 12\,MoO_3$ $6\,H_2O$[3]). Wegen der großen Unlöslichkeit (auch in Säuren) und der Vermehrung[4]) des nachzuweisenden PO_4 (= 95) auf das zirka 20fache [$(NH_4)_3PO_4 \cdot 12\,MoO_3\,6\,H_2O$ = 1836] ist die R. sehr empfindlich. Der N. ist in OH-haltigen Lösungen[5]) farblos löslich zu Phosphat und Molybdat, in Phosphaten (auch H_3PO_4) zu ungefärbten, weniger komplexen, nicht der „gesättigten Grenzreihe" angehörigen[6]) Produkten. Er entsteht, besonders begünstigt durch reichlichen NH_4-Salz-Zusatz sofort bei gelindem Erhitzen, in der Kälte allmählich ($^1/_4$ Std.). Man setzt die zu prüfende Lösung tropfenweise

[1]) Zusammenfassung von
3 $AgNO_3$ + Na_2HPO_4 → Ag_3PO_4 + HNO_3 + 2 $NaNO_3$
und Ag_3PO_4 + 3 HNO_3 → 3 $AgNO_3$ + H_3PO_4.

[2]) Ohne HNO_3, oder bei Gegenwart schwacher S. (z. B. E. S.) bildet sich aus der gelben Lösung kein N. — Unter bestimmten Fällungsbedingungen entsteht $(NH_4)_3PO_4 \cdot 12\,MoO_3 \cdot 2\,HNO_3 \cdot H_2O$. (Vgl. II, 140 u. 152, 157.)

[3]) Sind als Kationen nur solche der Alkalien vorhanden, so ist auch brauchbar die Fällung als NH_4MgPO_4 (S. 22). Ähnliche Doppelsalze bilden Zn (S. 47), Cd, Mn u. a. Auch K- u. Na- mit Ca-phosphat (Rose).

[4]) In der qualitativen Analyse kommt es natürlich mehr auf die Vermehrung des Volumens an, die, wenn auch natürlich nicht proportional, ungefähr von gleicher Größenordnung ist.

[5]) Auch in Soda oder Borax. — Aus der Lösung in NH_4OH kann auf übliche Weise $MgNH_4PO_4$ gefällt werden. Beim Erwärmen mit Oxalat, Tartrat oder konz. Acetatlösung löst sich der Mo-N. ebenfalls auf. Bei genügendem Zusatz von Säuren und Molybdat wird die Abscheidung des N's trotzdem durch jene Stoffe kaum gestört.

[6]) Betr. Polysäuren (iso- und hetero-) vgl. S. 36, Akg. 1; S. 124 und Hofmann, S. 576.

dem mit HNO_3 oder H_2SO_4, weniger gut mit HCl [1]) stark angesäuerten, mit dem betr. NH_4-Salz versetzten, mäßig erwärmten, stark überschüssigen Ammonmolybdat [2]) zu. Ein analoger gelber N. kann entstehen aus anderen P-haltigen Vbdgg., die bei Behandeln mit heißer HNO_3 in Phosphat übergehen und, nur langsamer, aus Arsenat und Arsenit. Silikate, die echten Peroxyde (und einige Persalze) reagieren ebenfalls mit Mo, letztere nur unter Gelbfärbung (Näheres II, 140 u. 152). Im Zweifelfalle stellt man die R. an mit kalter schwefelsaurer Lösung und nach Ausfällung von As als Sulfid. Bei PO_4 — nicht bei As — wird die Lösung nach Abscheidung des gelben N's farblos. Über die Notwendigkeit der Abscheidung des Phosphations in der Analyse vgl. II, 60, 84, 87. Bei hoher Temperatur greifen Phosphate Glas und Porzellan stark an [3]). — Glühen von P-Vbdgg. mit Mg-Metall vgl. II, 147. — Phosphate „unfarbiger" Kationen sind farblos, bis auf das eigelbe Ag_3PO_4 und das sehr schwach gelbliche $FePO_4$.

Pyro- und Metaphosphat, $X_4P_2O_7$ u. XPO_3. Glüht man sekundäre Phosphate, so entstehen Pyro-, glüht man primäre oder Phosphorsalz, so entstehen Metaphosphate. Beide lösen sich unverändert in H_2O und gehen damit nur sehr allmählich, schneller bei Erwärmen mit Säuren (Katalyse) oder durch Addition von Metalloxyden in der Glühhitze direkt in die ortho-Form über. Anwendung in der Analyse bei Herstellung der Phosphor-Salz-Perlen vgl. II, 25. R'en zur Unterscheidung von ortho-, meta- und pyro-Phosphat vgl. II, S. 140, Akg. 2 u. 153, 154. — Pyro- u. meta- sind beide Komplexbildner: die unlöslichen Salze lösen sich im Überschuß der Alkalisalze; Na-Mn-pyrophosphat wird nicht einmal durch $(NH_4)_2S$ gefällt (Rose); das farblose Na-Fe^3-Salz wird durch NH_4OH blutrot, aber nicht gefällt. Die Charakterisierung, besonders der Metaphosphate, ist dadurch erschwert, daß verschiedene Modifikationen der Salze existieren,

[1]) In HCl-Lösung muß der Mo- und NH_4-Salz-Überschuß größer sein. Der N. sieht dann grünstichig aus. In viel heißer konz. HCl löst er sich.

[2]) Etwa 2 ccm 3 %iger Lösung.

[3]) Betr. Gefährdung von Pt-Tiegeln durch Phosphate vgl. II, 18.

deren eine auch in Säuren schwerlösliche Salze (sogar der Alkalien) bildet. Eine andere bei sehr langsamer Abkühlung der P-Salz-Schmelze entstehende fällt Ag-Salz nicht. Alle haben aber die gemeinsame Eigenschaft, bei Gegenwart von E. S. Eiweißlösung zu fällen in Gegensatz zu Pyrophosphaten, wo sonst ähnliche Verhältnisse herrschen. — Ag-Salze (S. 58).

Phosphite und Hypophosphite. X_2HPO_3 und XH_2PO_2. reduzieren stark [z. B. $Hg^{\cdot\cdot}$, $Ag^{\cdot}$, Cu-Salze, konz. H_2SO_4, alle As-Vbdgg. (S. 72)], sind aber beständiger gegen Oxydationsmittel wie HNO_3 und Jod; Phosphite auch gegen $HMnO_4$: — Cl und Br sowie $HNO_3 + H_2O_2$ oxydieren beide. Die bekannten Hypophosphite sind alle in H_2O löslich, die Mehrzahl der Phosphite unlöslich (mit Mg-Mischung werden sie nicht gefällt). Bei trockenem Erhitzen entwickeln beide brennbares PH_3, das auch beim Behandeln beider mit Zn und dil. H_2SO_4 entsteht. Beim Kochen mit sehr konz. Laugen entwickeln sie H_2 [1]). Beispiele: $4\ KH_2PO_2 \rightarrow 2\ PH_3 + K_4P_2O_7 + H_2O$. $K_2HPO_3 + KOH \rightarrow K_3PO_4 + H_2$. — Phosphite geben direkt eine Mo-R., wie PO_4, auch ohne vorher zu diesem oxydiert zu werden. Betr. **Hypophosphat** vgl. S. 95, Akg. 2.

Borate. — MBO_2; $M_2B_4O_7$ (= $B_2O_3 \cdot 2\ MBO_2$). Durch Unlöslichkeit in S. oder sonstwie besonders ausgezeichnete Borate gibt es kaum. Gleiches gilt für die Komplex-Verbindungen (vgl. unten). Auch die Eigenschaften der freien Säure sind nicht besonders charakteristisch. Zur Erkennung von Bor werden daher fast ausschließlich 2 Farbreaktionen benutzt, nämlich die Grünfärbung der Flamme durch flüchtige Bor-Vbdgg. und die Verfärbung des gelben Kurkumafarbstoffes in Braun durch saure Boratlösungen. Auch durch Borsäure selbst, deutlich erst nach Zusatz von HCl oder H_2SO_4. Umfärbung in Blauschwarz durch NH_3 etc. vgl. II, 151. H_3BO_3. aus konzentrierten Boratlösungen z. B. mit konz. HCl fällbar, bildet stark perl-glänzende Kristallschuppen, die, von kaltem H_2O schlecht benetzt („fettig"), langsam eine 3—4 %ige Lösung geben und mit H_2O-Dampf flüchtig sind („Fumarolen"). Schneller und zehnmal mehr

[1]) Alldeswegen Formulierung $(HP)O(OH_2)_2$ als 2-, u. $(H_2P)OOH$ als 1-basische Säure.

lösen sie sich in heißem H_2O und leicht auch in Alkohol [1]). Bei trockenem Erhitzen entsteht je nach der Temperatur die Meta- und die Pyro-Borsäure HBO_2 und $H_2B_4O_7$ und schließlich B_2O_3 als in der Regel durch Unreinigkeiten rauchig braungelbes, amorphes Glas, das, weil bei den höchsten im Laboratorium gewöhnlich angewandten Temperaturen kaum flüchtig, die stärksten flüchtigeren Säuren aus ihren Salzen „austreibt", während bei Z. T. Borsäure-Lösungen z. B. Carbonate kaum zersetzen (vgl. dazu S. 118). Lösungen von Borax („Tetraborat") absorbieren vielmehr CO_2. Borsäure ist in Lösung eine an Stärke zwischen H_2S und HCN stehende, vorwiegend einbasische Säure, die Lackmus nur schwach rötet, aus KJ + KJO_3 kein Jod frei macht und sogar Thiosulfat und Ultramarin kaum zersetzt. Bildung komplexer starker einbasischer Säuren mit Glycerin, Tartraten [2]), Fluoriden (vgl. S. 89 u. 77, Akg. 1). Tartrate stören daher den Nachweis der Borsäure wie den des Al. — Die meisten Borate leiten sich ab von HBO_2, die allein löslichen Alkalisalze von $H_2B_4O_7$. — ($Na_2B_4O_7 \cdot 10\,H_2O$ Borax, das gewöhnliche Borat des Handels.) Wie bei Si sind auch Salze von iso- und hetero- Poly-Säuren bekannt. Beim Erhitzen von Borax mit NH_4Cl entsteht Borstickstoff (S. 12 u. II, 45) $(NH_4)_2B_4O_7 + 2\,NH_4Cl \rightarrow 4\,BN + 2\,HCl + 7\,H_2O$. — Beim Schmelzen gibt Borax unter anfänglichem starken Aufblähen (durch den H_2O-Verlust) schließlich einen klaren Glasfluß („Boraxperle"), der sich verhält wie ein Gemisch von $NaBO_2$ und B_2O_3: er löst andere Metalloxyde [auch SiO_2 unter Bildung von „Borosilikaten" (hetero-poly-Säuren)] klar auf, wobei der Säurebestandteil durch B_2O_3 ev. verflüchtigt wird: $Na_2B_4O_7 + CuSO_4 \rightarrow 2\,NaBO_2 + Cu(BO_2)_2 + SO_3$. Diese Perlen sind charakteristisch gefärbt, soweit sie mit färbenden Kationen (Cu, Cr, Mn usw.) hergestellt sind (vgl. II, 25). Borsäure selbst ist keine farbgebende Verbindung. Der Geschmack von Borax

[1]) HCl löst weniger als H_2O allein. Unterschied von dem sonst ähnlichen As_2O_3 (vgl. S. 66, A. 2 u. 73 unten).

[2]) Analogie von B und Al. (Vgl. S. 29, Akg. 2). Beide bilden auch Ultramarine. — Die Lösung von Borax in Glyzerin reagiert sauer. (Vgl. S. 77, Akg. 1.)

ist süßlich alkalisch (S. 22, Akg. 2). — In H_2O unlösliche Borate pflegen sich in Säure zu lösen, manche, wie das Mg-Salz (Mineral Boracit), auffallend langsam. Die frischen Boratniederschläge lösen sich auch häufig in NH_4-Salzen, sowie im Überschuß der gefällten Reaktionskomponente. Infolge relativ starker [1]) Hydrolysierbarkeit ähnelt die Wirkung von Boraxlösungen etwas der von dil. NaOH; besonders natürlich bei erhöhter Temp. Ag-Salz vgl. S. 57. Borsäure als störende Säure in der Analyse, wie H_3PO_4 vgl. II, 84, Akg. 2.

Silikate. — Säure und Salze, mit Ausnahme derer der Alkalien (Wassergläser), sind in H_2O praktisch unlöslich. Die Formeln der meisten leiten sich von Polykieselsäuren ab und sind am einfachsten formulierbar als $xMeO \cdot ySiO_2$, wobei die Werte für x und y stark wechseln und als basische Oxyde vorzugsweise gleichzeitig mehrere, oft verschieden wertige (darunter ev. auch H_2O) vorkommen. Das gemeinhin fälschlich Kieselsäure genannte Anhydrid SiO_2 ist, wie es in der Natur [2]) vorkommt, in S. mit Ausnahme von HF (vgl. S. 89 ff.) unlöslich; in Alkalien löst sich kristallisiertes kaum, amorphes und durch chemische Umsetzungen erhaltenes etwas eher. Beim Schmelzen von SiO_2 mit Alkalihydroxyden, -Carbonaten (unter Kohlezusatz auch Sulfaten), entstehen Alkalisilikate [3]) (Wassergläser). Sie zeigen auffällig langsame Löslichkeit; manche Sorten werden sogar durch Säuren nicht leicht zersetzt. Die durch Hydrolyse stark alkalisch reagierenden, klebrigen Lösungen enthalten viel Kieselsäure kolloidal gelöst als „Sol" [4]). Daraus kann durch die später genannten

[1]) In $\frac{n}{10}$ oder 1,9 %iger Lösung ist bei Z. T. immerhin nur etwa der 200ste Teil oder knapp 10 mg in 100 ccm hydrolysiert, was zirka $\frac{n}{2000}$ Lauge entspricht.

[2]) Kristallisiert z. B. Quarz (Quarzsand), Bergkristall, Kiesel-Kreide u. a.; amorph als Achat, Opal, Feuerstein u. a.

[3]) Bei Glühhitze wird durch Kieselsäure „ausgetrieben" nicht nur CO_2 u. SO_2, sondern auch starke Säuren, wenn sie bei der Temp. flüchtig sind. Aus H_2O-Lösgg. wird umgekehrt Kiesel-S. durch CO_2 ausgetrieben (S. 118). — Langsames Verwittern der Silikate (z. B. Feldspat im Boden).

[4]) Vgl. Lehrbücher z. B. Hofmann, S. 338. — Vgl. auch H_2SiO_3 (schwache S.) u. H_2SiF_6 (starke S.); Indikator-R. bei K_2SiO_3 alkalisch; K_2SiF_6 sauer; KHO alkalisch; KHF_2 neutral.

Mittel Kieselsäure in einer gallertigen Hydratform als „Gel" gefällt werden, das sehr langsam unter Schrumpfung [wie bei $Al(OH)_3$], schneller bei erhöhter Temperatur und Gegenwart von Säuren (Katalyse) H_2O verlierend in unlöslichere Formen übergeht. Frisch gebildet löst sie sich in Alkalien und Säuren [wie etwa $Al(OH)_3$] und auch in Soda [1]). Nach Eindampfen zur Lufttrockne im H_2O-Bade löst sie sich noch langsam in Soda und NH_4OH, aber nicht mehr in Säuren. Durch längeres Glühen wird entstandenes SiO_2 immer unlöslicher, den natürlichen Sorten ähnlich ($\sim SnO_2$). Um schnell aufgeschlossen zu werden, müssen SiO_2 und Silikate so fein zerkleinert werden, daß sie mit dem Glasstabe oder zwischen den Zähnen nicht mehr „knirschen". Kieselsäure ist aus Alkalisilikatlösungen wie $Al(OH)_3$ aus Aluminaten fällbar: außer durch Säuren (sogar CO_2 und H_2S), auch durch NH_4-Salze [Chlorid [2]), Carbonat, Sulfid], schließlich durch mancherlei andere Elektrolyte als „Gerinnungsmittel", z. B. mit Soda (!). Ihre Abscheidung mit HCl ist bei Z. T. nicht vollständig; unter bestimmten Bedingungen (Mengen-Verhältnis, Konzentration) kann sie sogar ganz gelöst bleiben als „Hydrosol" (so in natürlichen Wässern). Mit Metallsalz geben Alkalisilikate Fällungen, die aus Metallsilikaten (oder Doppelsilikaten, oder Hydroxyden mit eingelagerter Kieselsäure) bestehen, und die, frisch gefällt, mit Säuren, meist unter Abscheidung von $SiO_2 \cdot$ aqua, gelöst werden. Die Ag-Fällung ist gelb. — Zinkoxyd-Ammoniak gibt eine nach Wegkochen überschüssigen Ammoniaks quantitative Fällung von SiO_2 aq., zum Teil in Form von Zn-silikat. (Nachweis von Cl' in Silikaten.) Von den H_2O-unlöslichen Salzen wird eine Anzahl, besonders Alkali- oder Ca-Salze einer komplexen Tonkieselsäure [3]) enthaltende, durch Säuren zersetzt, auch nach dem Glühen (Zeolithe, Zemente, Permutite, Ultramarine). Einige derselben (Permut., Ultr.) tauschen sogar schon mit wäßrigen

---

[1]) Durch Hydrolyse von SiF_4 entstandene Kieselsäure löst sich, auch nach dem Glühen, in kochender Alkalicarbonatlösung ohne sichtbare CO_2-Entwicklung (Rose) (!?).

[2]) Unterschied von Fluorsilikat (S. 90 oben).

[3]) Diesen Alumosilikaten ähnliche Komplexe mit Bor: **Borosilikate** (S. 124) unten).

Salzlösungen Bestandteile aus, z. B. Alkali gegen Ca oder Ag. Mit viel NaCl lassen sich die Alkali-Vbdgg. regenerieren [1]). Die große Mehrzahl der übrigen, darunter Feldspat, Porzellan, Glas [2]), sind gegen Säuren recht beständig und müssen zur Analyse „aufgeschlossen" werden. Das Glas, dessen verschiedene Sorten große Unterschiede zeigen, wird bereits durch alkalische Flüssigkeiten genügend angegriffen, daß der Inhalt der betr. Glas-Flaschen immer Spuren von Si, Al usw. enthält. Selbst destilliertes Wasser nimmt in Berührung mit Glaspulver alkalische R. an. Säuren wirken weniger ein als reines H_2O. Zum Aufschließen der Silikate dient **1.** Schmelzen mit großem Überschuß an Alkalicarbonat (II, 46). Man scheidet aus der Schmelze unmittelbar die Kieselsäure durch Abdampfen [3]) mit HCl (oder wenn noch auf Cl zu prüfen, mit $ZnO—NH_3$) ab, und hat im HCl-Extrakt des Rückstandes die Metalle als Chloride. Zur Prüfung auf Alkali **2.** Erhitzen mit $NH_4Cl + CaCO_3$ [Wirkung davon wie $(NH_4)_2CO_3$]. Durch Ausziehen mit H_2O trennt man die gebildeten Chloride (von Alkali und Ca) vom Ca-Silikat. **3.** Erhitzen mit NH_4F oder HF, wobei SiF_4-Gas entweicht. Zusatz von etwas konz. H_2SO_4 verhütet, daß Metallhalogenide flüchtig gehen und dabei etwa durch Hydrolyse von SiF_4 wieder Kieselsäure zurückgebildet wird. **4.** Auch Borsäure, Pb- und Bi-Oxyd [4]) (angewandt in Form der Nitrate) können zum Aufschluß gebraucht werden.

Über die R. von Silikat mit Molybdat vgl. II, 141, 152. Über Ultramarin vgl. S. 105, Akg. 1; 126.

Phosphorsalzperle zur Erkennung der Silikate, II, 26.

Reduktion zu Si mit Na, Al oder Mg II, 45, 4.

Ätzprobe durch Bildung von SiF_4 (vgl. S. 89 u. II, 133).

---

[1]) Permutit-Verfahren der Wasser-Enthärtung.

[2]) Das übliche Alkali - Calcium - silicat - Glas entspricht ungefähr $X_2O \cdot CaO \cdot 5$ bis 6 SiO_2, enthält aber oft weitere Bestandteile wie Al_2O_3, MgO (auch ZnO, B_2O_3).

[3]) Im Wasserbade, denn bei zu hohem Erhitzen des Rückstandes kann HCl durch Kieselsäure wieder ausgetrieben werden.

[4]) PbO in Porzellan- oder Quarz-Tiegel stärker erhitzt, zerstört sie durch Bildung leicht schmelzbaren Pb-silikats (Bleiglasuren).

Register

Nr. 557 **Nestle, W., Geschichte der griechischen Literatur.** II. Von Alexander d. Gr. bis zum Ausgang der Antike. 2. verbesserte Aufl. 1945. 128 S.

Nr. 564 **Behn, F., Kultur der Urzeit.** Bd. I. Steinzeit. 3. Aufl. In Vorbereitung.

Nr. 565 ——, Bd. II. Bronzezeit. 4. Aufl. In Vorbereitung.

Nr. 566 ——. Bd. III. Eisenzeit. 4. Aufl. In Vorbereitung.

Nr. 573 **Helbok, A., Die Ortsnamen im Deutschen.** Durchgesehener Neudruck. Mit 6 Karten. 1944. 126 S.

Nr. 677 **Altheim, F., Römische Geschichte.** II. Teil: Bis zur Begründung des Prinzipats. 1948. 141 S.

Nr. 770 **Beckh, H., Buddhismus** (Buddha und seine Lehre). II. Die Lehre. 3. Aufl. 1928. 135 S.

Nr. 780 **Krahe, H., Germanische Sprachwissenschaft.** Bd. II. 2. Aufl. 1948. 140 S.

Nr. 781 **Weigert, H., Stilkunde.** II. Spätmittelalter. Neuzeit. Neudruck. Mit 84 Abb. 1944. 141 S.

Nr. 807 **Kropp, G., Erkenntnistheorie.** I. Allgemeine Grundlegung. 1950. 143 S.

Nr. 929 **Schirmer, A., Deutsche Wortkunde.** 3. Aufl. 1949. 109 S.

Nr. 1000 **Jaspers, K., Die geistige Situation der Zeit** (1931). Zweiter unveränderter Abdruck der im Sommer 1932 bearbeiteten 5. Aufl. 1949. 232 S.

Nr. 1008 **Mellerowicz, K., Allgemeine Betriebswirtschaftslehre.** 1. Bd. 6., unveränderte Aufl. 1948. 134 S.

Nr. 1031 **Apel, M., Philosophisches Wörterbuch.** 3. Aufl. In Vorbereitung.

Nr. 1034 **Kranefeldt, W. M., Therapeutische Psychologie.** Analytische Psychologie (Freud, Adler, Jung). 2 Aufl. 1950. In Vorbereitung.

Nr. 1045 **Schubert, H., Die Technik des Klavierspiels.** 2. Aufl. 1946. 132 S.

Nr. 1065 **Haller, J., Von den Karolingern zu den Staufern.** Die altdeutsche Kaiserzeit (900—1250). Mit 4 Karten. 3. Aufl. 1944. 141 S.

Nr. 1085 **Lietzmann, H., Zeitrechnung der römischen Kaiserzeit, des Mittelalters und der Neuzeit für die Jahre 1—2000 n. Chr.** Neudruck. 1946. 127 S.

Nr. 1086 **Müller, G., Deutsches Dichten und Denken vom Mittelalter zur Neuzeit** (1270—1700). 2. Aufl. 1949. 159 S.

Nr. 1094 **Hernried, R., Systematische Modulation.** 2. Aufl. In Vorbereitung.

Nr. 1096 **Viëtor, K., Deutsches Dichten und Denken. Von der Aufklärung bis zum Realismus** (1700—1890). 2. Aufl. 1949. 156 S.

Nr. 1115 **Ranke, F., Altnordisches Elementarbuch.** Neudruck. 1949. 146 S.

Nr. 1116 **Meißner, P., Englische Literaturgeschichte. II.** Von der Renaissance bis zur Aufklärung. Durchgesehener Neudruck. 1944. 139 S.

Nr. 1117 **Haller, J., Der Eintritt der Germanen in die Geschichte.** Mit sechs Kartenskizzen. 2., verbess. Aufl. 1944. 119 S.

Nr. 1122 **Feist, H., Sprechen und Sprachpflege.** Mit 25 Abb. 1938. 107 S.

Nr. 1124 **Meißner, P., Englische Literaturgeschichte.** III. Romantik und Victorianismus. Durchgesehener Neudruck. 1944. 150 S.

Nr. 1125 **Lehnert, M., Altenglisches Elementarbuch.** 2., verbesserte und vermehrte Aufl. 1950. 176 S.

Nr. 1130 **Dibelius, M., Jesus.** 2. Aufl. Neudruck. 1949. 141 S.

Nr. 1135 **Lehnert, M., Beowulf.** 2., verbesserte Aufl. 1949. 135 S.

Nr. 1136 **Meißner, P., Englische Literaturgeschichte.** IV. Das 20. Jahrhundert. Durchgesehener Neudruck. 1944. 157 S.

Nr. 1148 **Pepping, E., Der Polyphone Satz. I. Der cantusfirmus Satz.** 2. Aufl. 1950. 224 S.

Nr. 1149 **Wiesner, J., Vor- und Frühzeit der Mittelmeerländer.** I. Das östliche Mittelmeer. Mit einer Textabb. und 7 Tafeln. 1943. 177 S.

Nr. 1150 ——, II. Das westliche Mittelmeer. Mit 3 Textabb. und 7 Tafeln. 1943. 129 S.

Nr. 1153 **Mellerowicz, K., Allgemeine Betriebswirtschaftslehre.** 2. Bd. 6. unveränderte Aufl. 1948. 123 S.

Nr. 1154 ——, 3. Bd. 6. unveränderte Aufl. 1948. 153 S.

B. Naturwissenschaften und Technik

Nr. 3 **Ende, E. vom, Die Maschinenelemente.** 2., verbesserte Aufl. Mit 175 Fig. und 12 Tafeln. 1950. In Vorbereitung.

Nr. 29 **Brauns, R., u. K. F. Chudoba, Mineralogie.** 8., neubearbeitete Aufl. Mit 125 Textfiguren und 9 Abb. auf einer Tafel. 1943. 143 S.

Nr. 37 **Klemm, W., Anorganische Chemie.** 6. Aufl. Mit 18 Abb. 1944. 184 S.

Nr. 38 **Schlenk, W., Organische Chemie.** 5. Aufl. Mit 17 Fig. 1949. 239 S.

Nr. 47 **Fischer, P. B., Arithmetik.** 2. Aufl. 1948. 152 S.

Nr. 51 **Ringleb, F., Mathematische Formelsammlung.** 5., verbesserte Aufl. Mit 57 Fig. 1949. 274 S.

Nr. 71 **Schulze, W., Allgemeine und physikalische Chemie.** I. Teil. 3., durchgesehene Aufl. Mit 22 Fig. 1949. 146 S.

Nr. 87 **Witting, A., Differentialrechnung.** 3., neubearb. Aufl. Mit 95 Fig. und 200 Beispielen. Durchgesehener Neudruck. 1949. 201 S.

Nr. 88 **—, Integralrechnung.** 2., verbesserte Aufl. Durchgesehener Neudruck. Mit 62 Fig. und 190 Beispielen. 1949. 176 S.

Nr. 136 **Mahler, G., Physikalische Formelsammlung.** 8., verbess. Aufl. 1950. 153 S. In Vorbereitung.

Nr. 142 **Haussner, R., Darstellende Geometrie.** 1. Teil: Elemente, Ebenflächige Gebilde. 6., unveränderte Aufl. Mit 110 Fig. im Text. 1947. 207 S.

Nr. 143 — —, 2. Teil: Perspektive ebener Gebilde, Kegelschnitte. 5., unveränderte Aufl. Mit 88 Fig. im Text. 1947. 168 S.

Nr. 146 **Witting, A., Repetitorium und Aufgabensammlung zur Differentialrechnung.** 2. Aufl. Neudruck. 1949. 122 S.

Nr. 147 **—, Repetitorium und Aufgabensammlung zur Integralrechnung.** 2. Aufl. Neudruck. 1949. 121 S.

Nr. 173 **Bruhns, W., u. P. Ramdohr, Petrographie.** 3., durchgesehene Aufl. Mit 10 Figuren. 1949. 117 S.

Nr. 180 **Böhm, F., Versicherungsmathematik.** I. Elemente der Versicherungsrechnung. 2., vermehrte und verbesserte Aufl. Durchgesehener Neudruck. 1946. 151 S.

Nr. 210 **Bruhns, W., u. P. Ramdohr, Kristallographie.** 4. Aufl. In Vorbereitung.

Nr. 221 **Jander, G., u. K. F. Jahr, Maßanalyse.** Theorie und Praxis der klassischen und der elektrochemischen Titrierverfahren. Bd. I. 5. Aufl. Mit 18 Fig. 1948. 140 S.

Nr. 222 **Hassak-Beutel, Warenkunde.** 7. Aufl. Neubearb. von A. Kutzelnigg. Bd. I: Anorganische Waren sowie Kohle und Erdöl. Mit 19 Fig. 1947. 116 S.

Nr. 223 — —, Bd. II: Organische Waren. Mit 32 Fig. 1949. 143 S.

Nr. 247 **Hoppe, J., Analytische Chemie I. Reaktionen.** 5., verb. Aufl. 1950. 135 S.

Nr. 248 — —, **II. Gang der qualitativen Analyse.** 5., verbess. Aufl. 1950. 168 S.

Nr. 252 **Daßler, A., Elektrochemie I.** Mit 21 Abb. 1950. In Vorbereitung.

Nr. 253 — —, **II.** Mit 17 Abb. 1950. In Vorbereitung.

Nr. 256 **Haussner, R., Sammlung von Aufgaben und Beispielen zur analytischen Geometrie der Ebene.** Mit 22 Fig. Neudruck. 1949. 139 S.

Nr. 257 **Humburg, K., Die Gleichstrommaschine I.** Durchgesehener Neudruck. Mit 59 Abb. 1949. 102 S.

Nr. 342 **Körting, J., u. W. Körting, Heizung und Lüftung.** I. Das Wesen u. die Berechnung der Heizungs- u. Lüftungsanlagen. 8., verbess. Aufl. Mit 29 Abb. u. 14 Zahlentafeln. 1950. In Vorbereitung.

Nr. 343 — —, II. Die Ausführung der Heizungs- u. Lüftungsanlagen. 7. neubearb. Aufl. Mit 141 Abb. u. 8 Zahlentafeln. 1944. 126 S.

Nr. 354 **Valentiner, S., Vektoranalysis.** 7., wesentl. veränderte Aufl. Mit 19 Fig. 1950. In Vorbereitung.

Nr. 389 **Diels, L., Pflanzengeographie.** 4., verb. Aufl. Mit 1 Karte. 1945. 167 S.

Nr. 405 **Werkmeister, P., Praktisches Zahlenrechnen.** 4. Aufl. Mit 60 Fig. 1950. 136 S. In Vorbereitung.

Nr. 423 **Adler, A., Fünfstellige Logarithmen.** Mit mehreren graphischen Rechentafeln und häufig vorkommenden Zahlwerten. 2. Aufl. Neudruck. 1 Tafel. 1949. 127 S.

Nr. 432 **Borchers, H., Metallkunde.** I. Aufbau der Metalle und Legierungen. Mit 2 Tab. und 90 Abb. 2. Aufl. 1950. 110 S.

Nr. 445 **Asmus, E., Physikalisch-Chemische Rechenaufgaben.** 2. Aufl. 1949. 96 S.

Nr. 468 **Werkmeister, P., Vermessungskunde.** I. Stückmessung u. Nivellieren. 9. Aufl. Mit 145 Figuren. 1949. 172 S.

Nr. 469 ——, II. Messung von Horizontalwinkeln. Festlegung von Punkten im Koordinatensystem. Absteckungen. 7. Aufl. Mit 63 Fig. 1949. 151 S.

Nr. 483 **Henglein, M., Lötrohrprobierkunde.** Mineraldiagnose mit Lötrohr und Tüpfelreaktion. 3., verb. Aufl. Mit 11 Fig. 1949. 91 S.

Nr. 585 **Dehnert, H., Verkehrswasserbau I:** Entwurfsgrundlagen. Flußregelungen. Mit 52 Textabb. 1950. 102 S.

Nr. 589 **Tochtermann, W., Das Maschinenzeichnen** mit **Einführung in das Konstruieren.** I: Das Maschinenzeichnen. 4. Aufl. Mit 77 Tafeln. 1950. 156 S. In Vorbereitung.

Nr. 590 ——, II: Ausgeführte Konstruktionsbeispiele. 4. Aufl. Mit 58 Tafeln. 1950. 130 S. In Vorbereitung.

Nr. 597 **Dehnert, H., Verkehrswasserbau II:** Flußkanalisierungen u. Schiffahrtskanäle. Mit 60 Textabb. 1950. 92 S.

Nr. 668 **Knopp, K., Funktionentheorie I:** Grundlagen der allgemeinen Theorie der analytischen Funktionen. Mit 8 Fig. 7. Aufl. 1949. 139 S.

Nr. 691 **Fauser, O., Kulturtechnische Bodenverbesserungen.** I.: Allgemeines, Entwässerung. 4., neubearbeitete Aufl. 1947. 122 S.

Nr. 692 ——, II.: Bewässerung, Ödlandkultur, Umlegung. 4., neubearb. Aufl. 1948. 150 S.

Nr. 698 **Schulze, W., Allgemeine und physikalische Chemie.** II. Teil. 3., durchges. Aufl. Mit 36 Fig. 1949. 160 S.

Nr. 703 **Knopp, K., Funktionentheorie II.** Anwendungen und Weiterführung der allgemeinen Theorie. Mit 7 Fig. 7. Aufl. 1949. 130 S.

Nr. 711 **Kesselring, F., Theoretische Grundlagen zur Berechnung der Schaltgeräte.** 3. Aufl. Mit 92 Abb. 1950. 143 S. In Vorbereitung.

Nr. 718 **Neger, W. u. E. Münch, Die Laubhölzer.** 3., durchges. Aufl., herausgegeben von B. Huber. Mit 63 Fig. u. 7 Tab. 1950. 142 S. In Vorbereitung.

Nr. 768 **Bieberbach, L., Einführung in die konforme Abbildung.** 4. Aufl. Mit 42 Zeichnungen. 1949. 147 S.

Nr. 837 **Baumgartner, L., Gruppentheorie.** 2. Aufl. Mit 6 Fig. 1949. 115 S.

Nr. 862 **Werkmeister, P., Vermessungskunde.** III. Trigonometrische und barometrische Höhenmessung. Tachymetrie und Topographie. 6. Aufl. Mit 64 Fig. 1949. 147 S.

Nr. 877 **Knopp, K., Aufgabensammlung zur Funktionentheorie.** I. Aufgaben zur elementaren Funktionentheorie. 4. Aufl. 1949. 135 S.

Nr. 878 — —, II. Aufgaben zur höheren Funktionentheorie. 4. Aufl. 1949. 151 S.

Nr. 881 **Humburg, K., Die Gleichstrommaschine II.** Mit 38 Abb. Durchgesehener Neudruck. 1949. 98 S.

Nr. 931 **Hasse, H., Höhere Algebra I.** Lineare Gleichungen. 3. Aufl. 1950. 160 S. In Vorbereitung.

Nr. 932 — —, II. Gleichungen höheren Grades. 3. Aufl. Mit 5 Fig. 1950. 158 S. In Vorbereitung.

Nr. 952 **Schäfer, W., Transformatoren.** 2. Aufl. Mit 74 Abb. 1949. 128 S.

Nr. 972 **Herter, K., Vergleichende Physiologie der Tiere I:** Stoff- und Energiewechsel. 3. Aufl. Mit 64 Abb. 1950. 155 S.

Nr. 973 — —, II.: Bewegung und Reizerscheinungen. 3. Aufl. Mit 110 Abb. 1950. 148 S.

Nr. 984 **Graf, O., Die wichtigsten Baustoffe des Hoch- u. Tiefbaues.** 3., verb. Aufl. Mit 58 Abb. 1947. 126 S.

Nr. 999 **Kamke, E., Mengenlehre.** 2., durchges. Aufl. Mit 6 Fig. 1947. 160 S.

Nr. 1002 **Jander, G., u d K. F. Jahr, Maßanalyse.** Theorie und Praxis der klassischen und der elektrochemischen Titrierverfahren. Band 2. 5. Aufl. Mit 24 Fig. 1948. 139 S.

Nr. 1057 **Roth, W. A., Thermochemie.** 2., verbess. Aufl. 1947. 109 S.

Nr. 1070 **Sauter, F., Differentialgleichungen der Physik.** 2. Aufl. Mit 16 Fig. 1950. 148 S.

Nr. 1082 **Hasse, H., Aufgabensammlung zur höheren Algebra.** 2. Aufl. 1950. In Vorbereitung.

Nr. 1084 **Nußelt, W., Technische Thermodynamik.** I.: Grundlagen. 3., verbess. Aufl. Mit 71 Abb. 1950. 144 S. In Vorbereitung.

Nr. 1092 **Wickop, W., Fenster, Türen, Tore aus Holz und Eisen.** 3., überarbeitete und ergänzte Aufl. Mit 96 Abb. 1949. 154 S.

Nr. 1109 **Knopp, K., Elemente der Funktionentheorie.** 3. Aufl. Mit 23 Fig. 1949. 144 S.

Nr. 1110 **Schulz, G., Formelsammlung zur praktischen Mathematik.** Durchgesehener Neudruck. Mit 10 Abb. 1945. 147 S.

Nr. 1127 **Hartmann, M., Geschlecht und Geschlechtsbestimmung im Tier- und Pflanzenreich.** 2. Aufl. Mit 62 Abb. 1950. In Vorbereitung.

Nr. 1128 **Buchner, P., Symbiose der Tiere mit pflanzlichen Mikroorganismen.** 2., verb. u. vermehrte Aufl. Mit 121 Abb. 1949. 130 S.

Nr. 1131 **Scholz, A., Einführung in die Zahlentheorie.** Neudruck. 1945. 136 S.

Nr. 1132 **Frühauf, G., Überspannungen und Überspannungsschutz.** Neudruck. Mit 98 Abb. 1950. 122 S.

Nr. 1134 **Kuckuck, H., Pflanzenzüchtung.** 2., durchges. Aufl. Mit 12 Abb. 1944. 125 S.

Nr. 1137 **Heil, H., Entwicklungsgeschichte des Pflanzenreiches.** 2. Aufl. Mit 94 Abb. 1950. In Vorbereitung.

Nr. 1138 **Hämmerling, J., Fortpflanzung im Tier- und Pflanzenreich.** 2., ergänzte Aufl. Mit 101 Abb. 1950. 135 S. In Vorbereitung.

Nr. 1141 **Koller, G., Hormone.** 2. Aufl. Mit 60 Abb. u. 19 Tab. 1949. 187 S.

Nr. 1146 **Humburg, K., Die synchrone Maschine.** Mit 79 Bildern. 1949. 109 S.

Nr. 1151 **Nußelt, W., Technische Thermodynamik. II.:** Theorie der Wärmekraftmaschinen. Neudruck. Mit 87 Abb. u. 32 Zahlentafeln. 1950. 144 S. In Vorbereitung.

Nr. 1152 **Dehnert, H., Verkehrswasserbau III:** Schleusen und Hebewerke. Mit 70 Textabb. 1950. 98 S.

Nr. 1155 **Schwartz, W., Grundriß der allgemeinen Mikrobiologie.** Band I. Mit 17 Abb. 1949. 104 S.

Nr. 1156 **Meinke, H.-H., Die komplexe Berechnung von Wechselstromschaltungen.** Mit 114 Abb. 1949. 160 S.

Nr. 1157 **Schwartz, W., Grundriß der allgemeinen Mikrobiologie.** Band II. Mit 12 Abb. 1949. 93 S.

Walter de Gruyter & Co., Berlin W 35

(386) MDV, Druckerei Luckenwalde 121. 120 000. 3. 50.

FSC
www.fsc.org
MIX
Papier | Fördert gute Waldnutzung
FSC® C083411

Kolibri 360 GmbH
Ferdinand-Jühlke-Straße 7
99095 Erfurt, Deutschland
produktsicherheit@kolibri360.de